JN250386

図解でよくわかる

タネ・苗のきほん

種選び・種まき・育苗から、
種苗の生産・流通、品種改良、
家庭菜園での利用法まで

一般社団法人 日本種苗協会 監修

誠文堂新光社

図解でよくわかる　タネ・苗のきほん　目次

第1章

タネとは何か

タネは生命活動の源……8
タネと人のかかわり……10
改良によるタネの変化……12
遺伝資源としてのタネ……14

第2章

タネのつくり

いろいろなタネ……18
タネの始まりと基本的構造……20
有胚乳種子と無胚乳種子……22
タネの貯蔵養分……24

第3章

タネの発芽

タネの発芽の3要素（3条件）……28
タネの発芽と光の影響……30
発芽の進行と吸水の3段階……32
タネの発芽と休眠の仕組み……34
発芽促進法……36
休眠打破法……38

第4章

タネの貯蔵

タネの寿命（発芽能力維持期間）……42
タネの寿命と貯蔵条件……44
タネの保存方法……46
タネの発芽試験法……48

第5章

育苗とは

育苗の歴史（農業の変化と育苗の意義） 52
果菜類の育苗①ナス科野菜 54
果菜類の育苗②ウリ科野菜 56
果菜類の育苗③イチゴ 58
果菜類の育苗④その他の果菜類 60
葉菜類の育苗①アブラナ科野菜 62
葉菜類の育苗②ユリ科野菜 64
葉菜類の育苗③キク科野菜 66
葉菜類の育苗④その他の葉菜類 68
セル育苗 70
接ぎ木の目的 72
接ぎ木の具体的な方法 74
上手な苗づくりのポイント 76
閉鎖型苗生産システム 78

第6章

タネイモとは

ジャガイモ 82
サツマイモ 84
サトイモ 86
ヤマイモ（ナガイモ） 88

第7章

タネと苗の活用技術

よいタネとは 92
市販タネ袋の表示の見方 94
タネの直まきか苗の移植か 96
タネまきの基本型と鎮圧 98
定植前の準備と植え付けの注意点 100
【畑づくり】畝立ての基本型 102
【畑づくり】マルチの活用法 104
加工処理種子とは 106

目次

第8章 タネと品種改良

品種とは……110
品種改良と品種特性……112
品種改良の実際……114
世界に誇る日本の野菜や花き品種……116
国内種苗産業の動向……118
世界のバイオメジャーの動向……120
遺伝子組み換え技術の過去と現在……122
新しい品種改良技術……124
品種改良と遺伝子資源……126

第9章 タネと苗を取り巻く制度

種苗法とは……130
種苗管理センター……132
植物新品種に関する国際条約……134
ジーンバンク……136
生物多様性条約（Convention on Biological Diversity〔CBD〕）……138
名古屋議定書……140
食料・農業植物遺伝資源条約（International Treaty on Plant Genetic Resources for Food and Agriculture〔ITPGRFA〕）……142
国際植物防疫条約（International Plant Protection Convention〔IPPC〕）……144
種苗関係内外組織……146

巻末資料

登録品種表示マーク（ＰＶＰマーク）について……148
一般社団法人 日本種苗協会について……150
食育推進プロジェクト……152
全日本品種審査会……154
種苗管理士（シードアドバイザー）……156
参考文献……158
監修者プロフィール……159

コラム

作物の原産地を知る……16
食べたいタネ・毒のあるタネ……26
タネの催芽処理……40
タネの箱舟・世界種子貯蔵庫……50
進化する購入苗……80
ジャガイモの黒マルチ栽培……90
日本における野菜の種類とその分類……108
海外での品種登録の必要性……128

まえがき

本書は、タネと苗についての基本的な情報や知識を、一般の読者向けにわかりやすくお伝えすることを主眼としています。言うまでもなく、種苗は農作物や草花などを育てる上で一番のもとになるものであり、農業生産や家庭園芸などにおいて欠かすことができません。しかし、世の中には種苗に関する書籍や情報が意外と少ないことに気付かされます。

一口に種苗に関係する分野と言っても、その中には植物生理や栽培技術のほか、新品種を開発するための育種技術や遺伝資源などの多様な知識や情報が含まれます。また、知的財産として新品種を保護するための品種登録制度、種苗の輸出入などに関連する植物検疫制度や国際条約まで、非常に多岐にわたる情報が必要になります。本書では、これらの情報をまとめてお伝えするよう努力いたしました。読者の皆様の種苗に関する認識が少しでも高まるきっかけになることを願っています。

近年、種苗を取り巻く状況は世界的に大きく変化しています。大手アグロケミカル会社による種子育種会社の大型買収により業界の寡占化が加速している一方で、ゲノム編集技術などの新しい植物育種技術（NPBT）が近未来の実用的技術として注目を集めています。一方、わが国では、「農産物の輸出強化戦略」による輸出環境整備に向けた海外での知的財産権取得の支援強化、「主要農作物種子法」の廃止による稲や麦などの主要農作物の品種開発や種子供給への民間企業参入の方向など、種苗をめぐる大きな動きが続いています。

そのような中で、本書は、種苗をめぐる基礎的な情報や知識を求める読者の皆様のニーズに応える形で企画されたものであり、当協会が監修を担当させていただきました。種苗産業については、過去にも「一粒の種子が世界を変える」、「種子を制するものは世界を制する」などと喧伝された時期がありました。しかし、このような時流に乗った言葉に流されることなく、種苗業界の健全な発展に向けた議論を重ねていく上で必要な、共通の知識基盤を広く形成していくためにも、本書が果たす役割に大いに期待しているところです。

なお、当協会は、本書の巻末資料で活動の一端を紹介させていただいておりますが、１９７３年に設立以来、野菜や花などの園芸分野を中心とした種苗会社の団体として、国内外の様々な課題に対応しつつ、幅広く活動してきております。今後とも当協会の活動に対し、読者の皆様のご理解とご協力を賜りますようお願い申し上げます。

最後に、本書の監修に際し、国立研究開発法人農業・食品産業技術総合研究機構（農研機構）種苗管理センター、遺伝資源センターなどの多くの関係者に多大なご教示、ご協力をいただきました。深く感謝申し上げる次第です。

一般社団法人日本種苗協会
会長　坂田　宏

第1章 タネとは何か

タネは生命活動の源

タネは「遺伝情報」のカプセル

植物のタネ（種子）は、生命活動の源である。植物にとって、タネは、不適な環境に耐えて、遺伝情報を親から子へ伝える媒体として働き、動くことのできない母体の代わりに、風や動物などの力を借りて遠くまで運んでもらい、子孫の分布を広げるという極めて重要な役割を担っている。

小さなタネの中に、芽を出し、葉を広げ、花を咲かせて実を結ぶという、生命維持のプログラム（遺伝情報）が詰まっている。タネの発芽からはじまり、茎葉や根など自分の体をつくる「栄養成長」と、子孫を残すための「生殖成長」が続き、開花・受精を経て、果実を肥大・成長させ、再びタネを形成し、次世代に生命（いのち）をつないでいる。

タネは不良な環境のストレスに耐える

タネは、植物の繁殖のためである一方、低温、高温、乾燥などの厳しい環境を乗り切るための生命体でもある。

小さなタネは、冬の寒さも、カラカラの乾燥も難なく乗り切り、好適な環境がくるのを待って、しっかり芽を出す仕組みを備えている。

次世代の子孫を残すのに、種子をつくらないコケ植物やシダ植物は「胞子」がその役割を果たしているが、種子は胞子よりストレスに対してとても強い構造と生理機能を備えている。そのため、生育困難な不良環境が長く続いても、種子の状態であれば、それに耐えて生存できる可能性が高く、悪い環境に対するシェルター（保護施設）の役割を持っている。

タネの驚異的な生命力…大賀ハス

タネの持つ驚異的な生命力を実証したものとしては、「大賀ハス」が有名である。

千葉県内の2000年以上も前の古代遺跡を発掘した後の地下6mの泥炭層から、ハスのタネを大賀一郎博士が発見して、発芽させることに成功し、美しい古代ハスの花を咲かせて、「世界最古の花・生命の復活」として世界を驚かせた。

大賀ハスのタネの中には、発芽のときの栄養源となる「胚乳（主にデンプン質）」があり、外側は厚く硬い種皮に覆われている。この皮の厚さと硬さが、2000年も生命を保っていた理由である。

種子植物は、種子というストレスに強い仕組みを獲得したことによって今日のように繁栄したと考えられている。

タネ（種子）は生命活動の源

（タネに始まってタネに戻る）

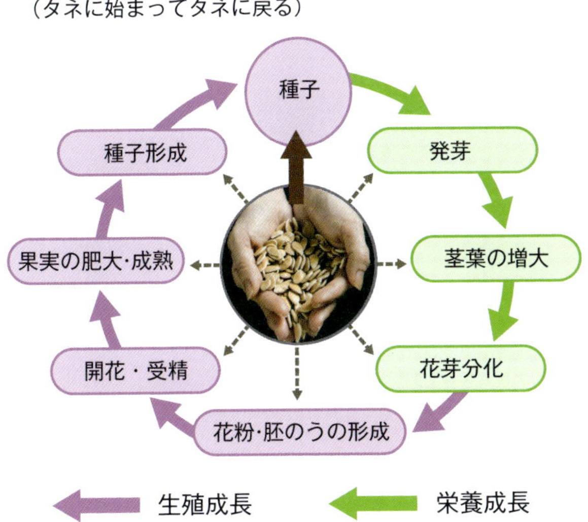

タネの驚異的な生命力を示した　大賀ハス

2000 年以上泥炭層に眠り続けて蘇った大賀ハス。種子の皮が厚く、そのままでは芽が出にくい「硬実種子」だったことが、生存力を支えた。

タネと人のかかわり

狩猟・採集から農耕へ

農耕とは、土を耕し、タネをまいて作物を育て、その収穫物を食べ物とすることである。

10万～20万年前、アフリカに現生人類（ホモ・サピエンス）が誕生し、約6万年前からアジアやアメリカ大陸に移動を開始して地球上に広がったと考えられている。人類はその間ずっと狩猟と採集で生活を続けていたのだが、農耕を始めたのはわずか約1万年前（西アジアのムギ、東の中国・長江流域のイネ）だといわれている。農耕が始まったのは、最終氷河期が終わって、地球上の気候が温暖になり、人類が寒さをしのぎつつ大型哺乳類を追いかけて狩猟した時代から、定住して身の回りで食糧を確保する環境に変化したことにある。

イネ科のタネ＝穀物の栽培へ

人類は、食用になる野生植物を採集しているなかで、イネ科の植物のタネが、デンプンやタンパク質を豊富に持ち、小さなタネでも集めれば穀物として食糧になることに気づいた。

それが、地中海周辺のコムギであり、アフリカ・アジア大陸のイネであり、アメリカ大陸のトウモロコシであった。

穀物の多くは硬い殻に覆われている。人間にとっては栄養価が高く、必要なときまで保存できて、好きなときに加工して食べることができ、貯蔵だけでなく輸送にも便利である。

穀物栽培の開始は人口の増加をもたらし、都市が誕生して、社会の分業化を可能にした。穀物の大規模栽培開始は、各地に文明を生み出す重要な要素になった。

農耕によって生産される穀物は、現在世界中の大半の地域において食糧の中心部分を占めている。特に生産量の多いコムギ・コメ・トウモロコシは世界の3大穀物と呼ばれている。

タネは人類に不可欠の財産

日本の縄文時代前期～中期（約5500年～4000年前）の大規模集落跡である青森市の三内丸山遺跡からは、原始的な農耕段階の栽培植物が出土している。

栽培された同一種であることが確認されたクリの他、ヒョウタン、ゴボウ、マメ類（野生種のアズキやダイズ）など。はるか縄文の昔から、タネをまいての農耕は開始されており、現代の農業生産においても、タネは必要不可欠の存在になっている。そして、今あるタネ（品種）は、はるか昔からの改良の歴史が詰まっている人類の知的財産としての「生命体」なのである。

3大穀物の野生種

アジアの野生イネ
（石井尊生）

ヒトツブコムギ

トウモロコシ　原種
写真提供：国立科学博物館
筑波実験植物園

世界人口を支える3大穀物・生産量　2015 ／ 16

コメ
4億7,100万トン

コムギ
7億3,200万トン

トウモロコシ
9億6,900万トン

改良によるタネの変化

野生種と栽培種、どこがちがう?

【脱粒性】 野生植物の多くは、種族の維持と生育範囲の拡大を優先して、長い間ダラダラと開花・結実・成熟して、成熟後はすぐに脱粒してタネを拡散させる戦略をとっている。

一方で、栽培植物は、すぐにタネが飛び散る脱粒性の高いものでは収穫時の損失が大きくなる。育種による品種改良が進んだ作物は、生育の斉一性が重視され、収穫作業を効率化するため、開花・結実がよく揃って脱粒しないものが多くなっている。

【発芽・生育の斉一性】 一般に、野生植物では、種子の休眠性が強く、発芽するタイミングも散発的で、バラバラになる。野生植物のタネには、発芽を遅らせる物質（アブシジン酸＊34頁）を含んでいたり、厚い種皮を持っていたりして、発芽が不揃いになる場合が多い。結実までの生育もバラバラに進んでいく。このような生育の不揃いは、動物による食害を少なくするなど、危機回避の役割を持っている。しかし、栽培植物では、作業の能率化のために、種子の休眠性を弱めて、発芽や成熟が揃うように改良されたため、危機回避の能力は低下している。

改良目標は良食味化・無毒化へ

野生植物は、長い進化の過程で草食動物や病原菌の攻撃から身を守るため、いろいろな有毒物質で武装してきた。辛味、苦味、渋味、エグ味のような不快な味は草食動物を忌避させる生体防御物質である。

今でもワラビなど野生の山菜には、人畜に有毒な成分が含まれており、生食はできず、アク抜きが必要になる。

野生植物から栽培種へ、農作物の品種改良の目標は、多収化（例：ダイコンの根の大型化）と同時に無毒化、良食味化（例：ダイコンの辛味減少）が大きかった。

問題は、外敵への自衛力劣化

良食味化を目標に進められた品種改良は、野生種が持っていた外敵への忌避物質による武装を解除することになり、自衛力が劣化していることが一番の問題点である。化学農薬による病害虫防除が欠かせないのはこのためでもあり、環境保全が重視されている今、天敵の活用や、耐病性品種への接木や品種改良で、耐病性を強めるなど、総合的な防除によって、タネの持つ高品質・多収の能力を引き出すことが課題になっている。

野生種と栽培種　どこがちがうか

野生種		栽培種
種族維持の優先		収穫効率化の優先
❶タネの早期脱粒・拡散 （生育地を広げる）		❶タネの脱粒性の除去 （収穫効率の向上）
❷発芽の不揃い （全滅危機の回避）	→	❷発芽の斉一化 （管理作業の能率化）
❸生育・形状の不揃い （遺伝的多様性の確保）	→	❸生育・形状の均一化 （遺伝的均一性重視）
❹外敵への自衛力保持 （忌避物質で武装） ・辛味・苦味 ・渋味・エグ味 ・有毒物質含有		❹外敵への自衛力劣化 （無毒化・良食味化） ・甘味向上 ・辛味・苦味減少 ・栄養分増加

遺伝資源としてのタネ

遺伝資源（多様な生物種）の重要性

「遺伝資源」という言葉は、生物の持つ多様な遺伝子が農作物の改良などに価値を持つことから資源として認識されるようになり、生じた言葉である。世界には少なくとも1千万種以上の生物種が生息しているが、そのうち我々に特性を知られているのはごくわずかであるとされている。

遺伝資源は、これらの生物を農産物や医薬品の素材として活用する際には直接的価値を持ち、地球環境保護に利用する際には間接的な価値を持つ人類共通の財産であり、多様性があって初めて価値がある。

しかし、世界各地では、特定の改良種の急速な普及や自然環境の悪化のために生物の多様性が失われ、貴重な遺伝子が次々と消えていく状況にある。世界的に栽培植物の品種が画一的になっており、地域の環境に適応した在来の遺伝資源は急速に失われてきている。バイオテクノロジーが進歩した現在こそ、新しい栽培植物の素材となる遺伝資源の重要性は高まっている。

遺伝資源の収集・保存・活用

遺伝資源の収集・保存は、未来に引き継がなくてはならない重要な事業である。日本では、１９８５年以来、農業生物資源ジーンバンク事業が進められており、国立研究開発法人農業・食品産業技術総合研究機構に遺伝資源センターが設置されている。同センターでは、植物（他に動物・微生物も）の遺伝資源の国内外からの収集、同定、特性評価や、種子の保存、配布、情報発信などが戦略的に実施されている。

付属の種子貯蔵庫には、約22万5千点が保存されており、配布用と長期保存用に分けて冷蔵温度を変えて管理されている。

遺伝資源としての特性が明らかになり、種子量が確保されたものは、品種改良の素材として利用者に配布されている。

遺伝資源・知的財産としての保護

開発途上国の遺伝資源（固有の生物種）を品種開発に利用する場合は、１９９３年に生物多様性条約が発効したことによって原産国の主権的権利が認められ、事前の同意を得ること、利益配分条件の契約が必要になっている。

また植物の新品種の育成者は、その新品種を登録することで、種苗法による育成者権（知的財産権）を専有できる。種苗法による育成者権の保護については、海外などにおける海賊版農産物の問題が大きな課題になっている。

遺伝資源（種子）を収集・保存するセンター

農業生物資源研究所遺伝資源センター

種子長期貯蔵施設（ジーンバンク３）

原種子（ベースコレクション）を－ 18℃で保存

日本在来トウモロコシ・コアコレクションの一部
遺伝資源の多様性を効率的に保存し、育種素材開発などへの利用を促進。

（資料：農業生物資源ジーンバンク）

作物の原産地を知る

もともと作物の種子には、原産地の環境に見合った性質が遺伝情報として組み込まれている。

原産地の環境条件を理解し、それに近い環境をつくり、作期を選ぶことが健全に育てる基本となる。

■海外原産の作物

原産地	分類	種名	環境条件
中国 東アジア	果菜類	アズキ、ダイズ、ナタネ、ホウキギ	温暖・弱日照
	葉菜類	カラシナ、食用ギク、シソ、タカナ、ニラ、ネギ、ハクサイ	初夏の多雨
	根菜類	クワイ、チョロギ、ナガイモ	
インド 熱帯アジア	果菜類	エゴマ、キュウリ、トウガン、ナス、ニガウリ、マクワウリ	高気温・強日照
	葉菜類	スイゼンジナ、ツルムラサキ、バジル	雨季：夏秋多雨
	根菜類	コンニャク、サトイモ、ハスイモ	
中央アジア 西アジア	果菜類	エンドウ、ソラマメ、ヒヨコマメ、ヘチマ、メロン	ステップ気候
	葉菜類	サフラン、チャービル、ディル、ホウレンソウ	長乾季・短雨季
	根菜類	ショウガ、ダイコン、タマネギ、ニンジン、ニンニク	地中海気候
ヨーロッパ	果菜類	イチゴ、ネットメロン	冷涼・弱日照
	葉菜類	アスパラガス、パセリ、カリフラワー、キャベツ、ケール、シュンギク、セロリ、チコリ、ブロッコリー、リーキ、レタス、コリアンダー（パクチー）	
	根菜類	カブ、ゴボウ、ビート、ハツカダイコン、ワサビダイコン	
アフリカ	果菜類	オクラ、ゴマ、ササゲ、スイカ、ヒョウタン、ユウガオ	高気温・強日照
	葉菜類	オランダセンニチ、モロヘイヤ	
北アメリカ	果菜類	インゲンマメ、食用ホウズキ、ズッキーニ	冷涼・強日照
	根菜類	アメリカホドイモ（アピオス）、キクイモ	
熱帯アメリカ	果菜類	シシトウガラシ、和種カボチャ、トウガラシ、ハヤトウリ	高気温・強日照
	葉菜類	アマランサス	
	根菜類	サツマイモ	
南アメリカ	果菜類	トマト、洋種カボチャ、トウモロコシ、ラッカセイ	高気温・強日照
	葉菜類	キンレンカ、ステビア	冷涼・強日照
	根菜類	ジャガイモ	

＊原産地と導入元が異なる作物が多くある。古くは中国から、最近ではヨーロッパ経由が多い。

■日本原産の作物

原産地	分類	種名
日本	果菜類	ヒシ
	葉菜類	アサツキ、アシタバ、ウド、オカヒジキ、スグキナ、
		ジュンサイ、セリ、ミズナ、ミツバ、ミブナ、フキ、ミョウガ
	根菜類	ジネンジョ、ユリ、ヤマゴボウ、ワサビ

＊日本原産の作物は、葉菜類や水生作物が多く、あまり光（日照）を必要としない陰生植物が多い。

第2章 タネのつくり

いろいろなタネ

タネと種子は一致しない

タネ（種子）は、植物学的にいえば「胚珠」（花の子房の中にあるタネのもと）が発育したものである。大部分の植物では、胚珠が受精して成熟し、種子になる（詳しくは20頁）。ただし、農業上で使われているタネは、必ずしも植物学上の種子とは一致しない。

大きく分ければ、タネは3つに区分できる。

①植物学上の種子をそのままタネとしているもの。
②果実そのものを用いるもの。
③果実とそれ以外の部分も一緒にタネとしているもの。

タネには種子と果実がある

【①種子を用いるもの】
・ウリ科…キュウリ、メロン、スイカ、カボチャなど。
・ナス科…ナス、トマト、トウガラシ、ピーマンなど。
・マメ科…エンドウ、ソラマメ、エダマメ、ササゲなど。
・アブラナ科…ダイコン、カブ、ハクサイ、キャベツなど。
・ユリ科…タマネギ、ネギ、ニラ（株分けもある）など。
・アオイ科…オクラ。

野菜のタネの大部分は種子に含まれる。

【②果実を用いるもの（子房の発達したもの）】
これは種子に乾燥した果皮や果肉がそのまま張り付いているもので、セリ科のニンジン、セロリ、パセリ、ミツバなどや、キク科のゴボウ、レタス、シュンギク、シソ科のシソ、バラ科のイチゴのタネがこれにあたる。一般に発芽率の低いものが多い。

【③仮果を用いるもの（果実以外の花弁や萼（がく）などを含む）】
果実以外の部分も含む仮果（かか）を用いるアカザ科のホウレンソウ、フダンソウなどもある。タネとしては余計なものがついているので、発芽しにくいのが特徴である。

増えている「加工処理種子」

果実や仮果をタネとしてまくニンジンやホウレンソウなどは、タネまきや発芽に際してトラブルが多い。日本ホウレンソウでは果実に鋭いトゲがあって、タネまきしにくい。これを解消するためにホウレンソウの仮果の中から丸い種子を取り出した「剥皮種子」が開発され、早く良く発芽するようになった。また、ニンジンやレタスなど、小さくて細長くまきにくいタネを1粒ずつ白い珪藻土などで丸く固めた「ペレット種子」も盛んに利用されるようになっている。

タネには、種子と果実がある

種子を用いるもの（例）

カボチャ

オクラ

ネギ

果実・仮果を用いるもの（例）

ニンジン（果実）

レタス（果実）

ミツバ（果実）

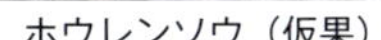

ホウレンソウ（仮果）

フダンソウ（仮果）

タネの始まりと基本的構造

タネは「胚珠」が成熟したもの

タネ（種子）は有性生殖によって形成される繁殖器官で、子房内の受精した「胚珠」が発達・成熟したものである。

胚珠は、次頁の図のように、花のめしべの根元の子房というふくらんだ部分の中にあり、卵細胞を内蔵している。胚珠の内部の卵細胞は、花粉からの精細胞と合体して、受精卵となる。受精卵は細胞分裂を繰り返して発達、成長し、胚珠はタネとして成熟する。胚珠がタネとして成熟したとき、子房も成熟して果実となる。

タネの基本構造（胚・胚乳・種皮）

成熟したタネの構造を見ると、胚と胚乳およびこれらを包み込む種皮からできている（次頁）。

タネの構造物のそれぞれの役割を見てみよう。

【①胚】 胚は、タネの中で発生したばかりの幼植物で、この部分が将来の植物体に成長する。

成熟したタネの胚は、子葉、胚軸、幼根、幼芽からなる。

1子葉：発芽したときに最初に出る葉。タネの中の胚にすでにできており、発芽後、子葉の次に出てくる通常の葉（本葉）とは形態が大きく異なることが多い。

2胚軸：子葉と幼根の間にできる茎状の部分。

3幼根：根になる部分。

4幼芽：本葉になる部分。

成熟し乾燥したタネの胚は、一時的に成長を止めた休眠状態にあるが、すでに将来葉になる幼芽と根になる幼根の形態分化は完了している。

【②胚乳】 胚乳には、胚が育つための栄養分（主にデンプン）が蓄えられている。タネには、この胚乳がないもの（無胚乳種子）もある。そんなタネは、タネの中の大きな子葉に栄養を蓄えている。

【③種皮】 種皮は、胚と胚乳を保護するためのもので、厚く硬いものが多い。種皮の外側が乾いた果皮で覆われたタネもある。硬実種子と呼ばれて水を通しにくく、そのままでまいたのでは発芽しにくいものもある。

ヘソの見えるタネもある

ヘソは、タネが果実（子房）の胎座に着生していた時に栄養分をもらっていた痕跡で、ダイズやアズキ、インゲンマメなどのマメ類には、人間と同様に、はっきりしたヘソがある。

ダイズは、ヘソの色の違いから、白目ダイズと黒目ダイズに分けられ、用途が区別されることが多い。

果実と種子のでき方

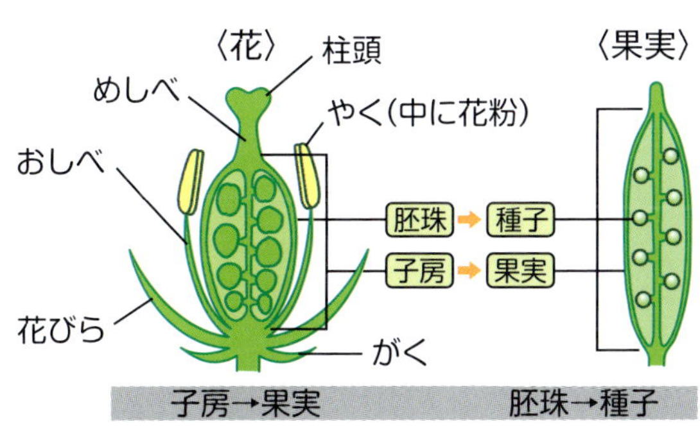

タネの基本構造（胚・胚乳・種皮）

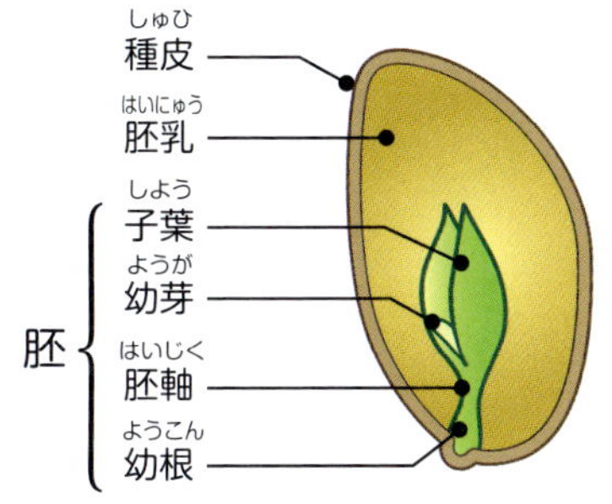

ヘソのあるタネ（マメ類）

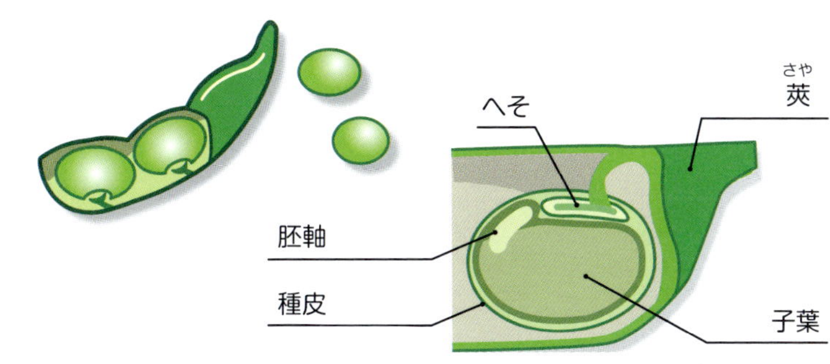

有胚乳種子と無胚乳種子

発芽への栄養貯蔵庫＝胚乳と子葉

野菜などのタネには、発芽までの栄養貯蔵組織として胚乳のある有胚乳種子と、胚乳のない無胚乳種子がある。

【有胚乳種子】胚の成長と発芽に必要な栄養分を胚乳に蓄えた種子。イネ、トウモロコシ、ムギなどのイネ科植物、野菜では、トマト、ナス、セリ、ネギ、ホウレンソウ、果樹のカキなどがある。

【無胚乳種子】胚乳が退化・消失して、そのかわりに胚の中で大きく発達した子葉の部分に、栄養分が蓄えられた種子。野菜ではエダマメ（ダイズ）、サヤインゲン、ダイコン、キャベツ、スイカ、キュウリ、ゴボウ、レタス、果樹のクリなどがある。

有胚乳種子…成熟時に胚乳が残る

タネの中の栄養貯蔵組織である胚乳は、子葉によって養分が吸収される過程で細胞が崩壊し、消失する。

次頁図のトマトのタネでは、タネが成熟した段階でも胚乳が残っており、発芽の過程で子葉が胚乳の養分を吸収して幼根や幼芽に受けわたす。

このように成熟してタネまきができる段階でも胚乳があるタネを胚乳種子または有胚乳種子という。

無胚乳種子…成熟時に胚乳がない

次頁図のサヤインゲンのタネでは、タネが成熟する過程で子葉が胚乳の養分を吸収し、成熟後のタネでは胚乳が消失して、養分を貯蔵する子葉がタネの中身の大部分を占めるようになる。このようにタネまき可能な段階で胚乳がない、あるいはほんの少ししかないタネ（レタスなど）を無胚乳種子という。

有胚乳種子と無胚乳種子の違いは、子葉が栄養吸収・供給器官として働くタイミングの違いである。

「地上子葉型」は鳥害に注意

子葉に栄養分を蓄えている植物（特にマメ科）では、地上への出芽のときに子葉を地上に出す「地上子葉型」と、子葉を地下に残す「地下子葉型」に分かれる（次頁）。ダイズ（エダマメ）では、栄養分の多い子葉が地上に顔を出すので、それを食べるキジバトなどの鳥害に注意が必要になる。

発芽のための養分貯蔵庫（タネの構造の違い）

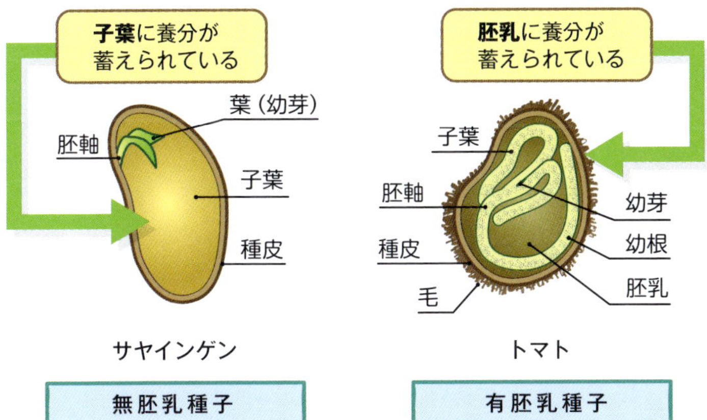

サヤインゲン　　　トマト

無胚乳種子　　　有胚乳種子

出芽のときの子葉の位置には２タイプある

地上子葉型　　　地下子葉型

初生葉
子葉
上胚軸
上胚軸
側根
根
根
主根

ダイズ（エダマメ）の出芽

エンドウの出芽

タネの貯蔵養分

発芽の栄養源は胚乳か子葉に

植物の成熟したタネには、発芽し、光合成ができる植物の体になるのに必要な初期生育のための栄養分があらかじめ蓄えられている。

タネの中の栄養の貯蔵庫は、前節で見たように、植物によって違いがあり、有胚乳種子は胚乳、無胚乳種子は子葉がその役割を果たしている。

タネは胚乳か子葉の中に、炭水化物（デンプン）、タンパク質、脂質のいずれかのかたちで栄養分を蓄えている。

タネの貯蔵養分は人間の食糧に

タネに含まれる栄養分は、人間に必要な栄養成分と同じである。人間が生命を維持し、成長するために必要な栄養素は、炭水化物、タンパク質、脂質の3つ。この3大栄養素に、ビタミンとミネラルを加えて5大栄養素と呼ばれている。

植物も、人間と同じ栄養素で生きており、タネの中にも5大栄養素が含まれている。

また、人間には「第6の栄養素」としての食物繊維を摂取することの大切さが強調されているが、穀物としてのタネには食物繊維も多いのが利点のひとつである。

だから、タネの栄養は発芽に役立つと同時に、私たち人間の食糧にもなっている。

植物の種類で違う貯蔵養分

タネの貯蔵養分は、植物の種類によって違いがある。

【デンプンを多く含むもの】 イネ、コムギ、トウモロコシなどのタネ。人間の主食になっており、これら3種のイネ科植物は「3大穀物」といわれている。

【脂質を多く含むもの】 ナタネ、ゴマ、ヒマワリ、ラッカセイなど。多くの脂質を含み、食料油の原料になる。

【タンパク質が多いもの】 ダイズ、エンドウ、ソラマメ、アズキなどの豆類。栄養的には穀物との相性がよい。

【ビタミンが多いもの】 マメ類や、ゴマ、ヒマワリなどのタネには、脂溶性のビタミンEが多い。酸素による酸化（＝劣化）を防ぐために備えている抗酸化ビタミンである。

【ミネラルが多いもの】 カリウム、カルシウム、マグネシウム、リン、鉄などの無機質は、タンパク質とともに穀物のタネのヌカ層に多く含まれていて、胚乳を包みこんでいる。穀物を精白するとミネラル分は大きく減少する。

マメ類にも、カルシウムや鉄分などのミネラルが多い。

タネの貯蔵養分

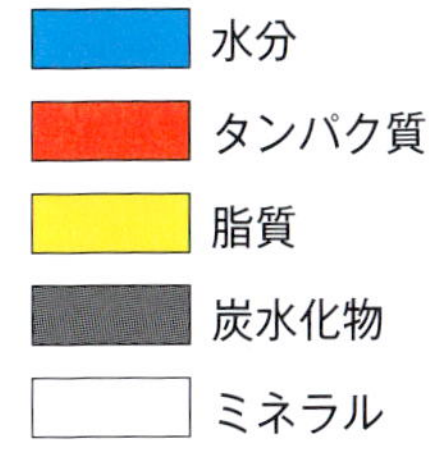
水分
タンパク質
脂質
炭水化物
ミネラル

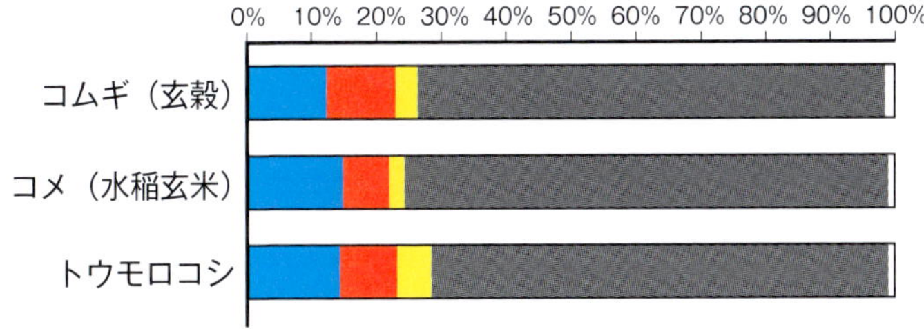
0%
10%
20%
30%
40%
50%
60%
70%
80%
90%
100%
コムギ（玄穀）
コメ（水稲玄米）
トウモロコシ

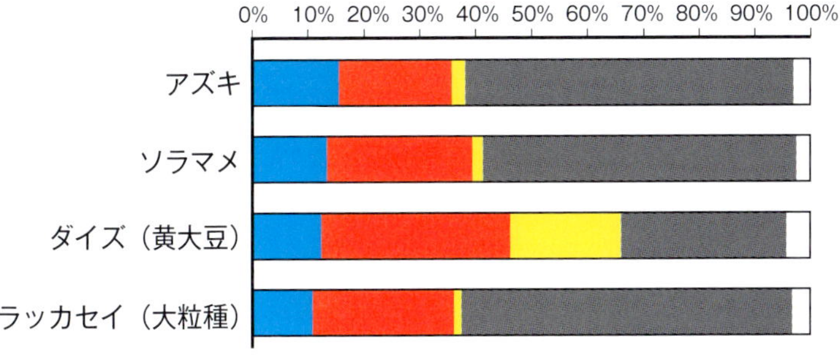
0%
10%
20%
30%
40%
50%
60%
70%
80%
90%
100%
アズキ
ソラマメ
ダイズ（黄大豆）
ラッカセイ（大粒種）

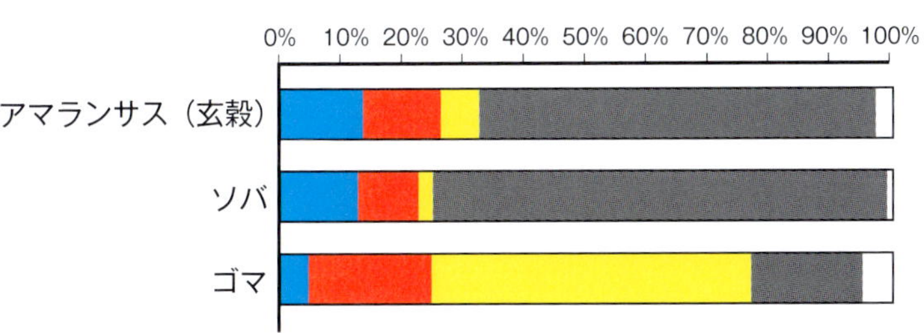
0%
10%
20%
30%
40%
50%
60%
70%
80%
90%
100%
アマランサス（玄穀）
ソバ
ゴマ

食べたいタネ・毒のあるタネ

●捨てては、もったいないタネ

【ピーマンのタネ・ワタ】ピーマンは緑黄色野菜として、たくさん食べたい野菜のひとつだが、実の中のタネやワタを捨ててしまうのは、もったいない。ピーマンは、タネとそのまわりの白い部分が青い部分以上に身体によい(血行促進作用のあるピラジンを含む)。タネごと炒めて食べると、体温が上がって冷え性が治るといわれている。

【カボチャのタネ】カボチャのタネには、カリウムやカルシウムが多く、食べると、身体の中の余分なナトリウムを追い出してくれる。血圧の高い人は、これで下がるといわれている。それに、ナトリウムが外に出るときは水も一緒に動くので、利尿作用も期待できる。フライパンで煎って、殻を割って中身を食べる。

●食べてはいけない毒のあるタネ

モロヘイヤは、カルシウムやカロテンなどの栄養素に富むため、原産地のエジプトでは 「王様の野菜」といわれている。日本でも栽培利用されているが、種子には毒性のある強心配糖体「ストロファンチジン」が含まれている。

厚生労働省では、食用として販売されている葉には危険性はないが、種子や茎には毒性があるので十分注意するよう呼びかけている。

モロヘイヤの莢

第3章 タネの発芽

タネの発芽の３要素（３条件）

発芽に不可欠の3要素とは

タネが土の中で芽を出すためには、なにが欠かせないか。答えは、①水分、②温度（適温）、③空気（酸素）。このうち、どのひとつが欠けても発芽しない。

発芽には光も影響するが、どのタネにも不可欠というわけではない。発芽だけに限れば、光が当たるのを嫌うタネもあり、そのため光は、発芽の３条件に入っていない。

水分と酸素は発芽の大切な要素

水分は発芽のためのもっとも重要な要素であり、発芽には多くの水を必要とする。乾燥して休眠状態だったタネは、吸水によって貯蔵養分の代謝（分解・再合成）活動を開始する。

空気中の酸素も不可欠で、タネは、幼根や幼芽を成長させるエネルギーとして呼吸により酸素を取り入れている。

水はけが悪い土で、タネが水に浸った状態では、酸素が不足して呼吸ができず、窒息死して腐ってしまう。

苗床の用土や本畑の土づくりで、土壌の保水性とともに通気性も重視されるのは、水分と酸素の安定した供給が、揃った発芽とその後の成長に欠かせないからである。

問題は、春に早く育てようとして、その野菜の適温より早くタネをまいたとき。これも発芽はしてこない。水分と適温と酸素、この３つが揃うと発芽が始まる。

発芽には適温がある

タネの発芽に必要な温度は、作物によって違いがある（次頁）。図の上半分に並んでいるのは、やや低温でも発芽する作物。発芽の下限温度は適温よりも低くて、ホウレンソウやレタスなどは５℃くらいから発芽するものもある。20℃以上になると発芽しにくくなり、夏まきは発芽させるのが難しくなる。

図の真ん中のフダンソウやダイコンなどは、発芽適温の幅が広く、発芽させやすい。その下のトマトやウリ類などは、発芽に20℃以上の温度が必要な作物。春先は十分地温が上がってからまくのがよい。中にはスイカ・メロンのように40℃でも発芽が可能なものもあり、これは原産地での環境適応を反映したものである。

大半の野菜は20～25℃が発芽適温となっている。ナスは１日の温度が朝晩は低く（22℃）、日中に上昇（28℃）することによってタネの発芽がよくなる（変温性という）が、これも原産地の環境への適応である。

タネの発芽の3要素（3条件）

発芽適温と発芽させるコツ

種類＼温度	発芽適温（0　10　20　30　40） ●最適温度	発芽させるコツ	
ミツバ	●―●	光・休	やや低温でも発芽する。20℃以上になると発芽しにくい（夏まきは発芽しにくい）
シュンギク（芽ギク）	●―●	光・休	
チシャ、レタス類	●―●	光・休	
ホウレンソウ	●―●	暗・休	
セロリ、キンサイ	●―●	光・休	
ネギ、タマネギ	●――●	暗	
ニンジン、ミニニンジン	●――●	光	
フダンソウ	●―――●	暗	発芽適温の幅が広く、発芽しやすい
ダイコン	●―――●	暗・休	
ツケナ類	●―――●	光・休	
ナス	●―――●	暗・休	発芽に温度が必要。春先は十分地温が上がってからまく
ゴボウ	●――●	光・休	
トマト	●――●	暗	
トウガラシ	●――●	暗	
ウリ類	●――●	暗・休	

光＝好光性　暗＝嫌光性、休＝休眠性がある

（資料：タキイ種苗㈱ホームページ「野菜前線」）

タネの発芽と光の影響

好光性種子か嫌光性種子か

タネの発芽には、①水分、②温度（適温）、③空気（酸素）の3要素の他に、光も影響する（どのタネの発芽にも光が不可欠の条件というわけではない）。

多くのタネの発芽は、光の影響を受けない中間性（非光感受性）だが、光によって発芽が促進される「好光性種子（光発芽種子）」と、抑制される「嫌光性種子（暗発芽種子）」がある。

【好光性種子】アブラナ科のキャベツ類、キク科のレタス・ゴボウ、セリ科のミツバ・セロリ、シソ科のシソなど。

【嫌光性種子】ユリ科のネギ・タマネギ、ナス科のトウガラシ・ナス、ウリ科のスイカ・カボチャなどの果菜類がある。

好光性種子の理由は

好光性種子（光発芽種子）とは、光に当たることを発芽の条件とするタネのことである。それはなぜなのか。

光発芽種子は、レタスやシソなど、一般的に小型のタネに多くみられる。小型種子は貯蔵養分量が限られているため、地中（暗所）深くから太陽光のある地表へ芽生えを伸ばすことができない。

タネに光が当たるということは、タネが地表近くに存在することになる。光発芽種子は、地表近くのある程度明るい場合にのみ発芽することで、芽生えが生き残れる可能性を高める効果があると考えられている。

光（波長）の種類と発芽の違い

光発芽性種子は、光合成に有効な赤色光で発芽が誘導され、遠赤色光あるいは暗黒下で発芽が抑制される。畑に他の植物が繁茂して上空を覆っていると、その植物の葉緑体により赤色光は吸収されてしまい、わずかの緑色光と大量の遠赤色光だけが地表に到達することになる。遠赤色光を受ける条件下では、発芽しても他の植物の陰になり、光合成を営めないことになる。一方、赤色光が当たっていることは、上部に他の植物が存在せず、地上への出芽後直ぐに光合成を営める環境にあることになる。つまり、光発芽性種子は確実に光合成が営める状況下でのみ発芽しているといえよう。

＊

タネに光への感受性の違いがあることは、タネまきの深さ（覆土）に注意が必要になる（次頁）。光発芽種子は、覆土を薄くするか、覆土せずに軽く鎮圧だけにする。

野菜種子の光と発芽の関係

分類		野菜
好光性種子	アブラナ科	キャベツ類、カリフラワー、ブロッコリーなど
	キク科	ゴボウ、レタス、シュンギク
	セリ科	ミツバ、セロリ、ニンジン
	シソ科	シソ
嫌光性種子	アブラナ科	ダイコン
	ユリ科	ネギ、タマネギ、ニラ、リーキ
	ナス科	トウガラシ、ナス、トマト
	ウリ科	スイカ、カボチャ、ヘチマ、ユウガオ、トウガン、キュウリ、シロウリ

好光性種子：光に反応して発芽する。
嫌光性種子：光に当たると発芽が抑制される。

（資料：タキイ種苗㈱ HP）

タネの光感受性とタネまきの注意点

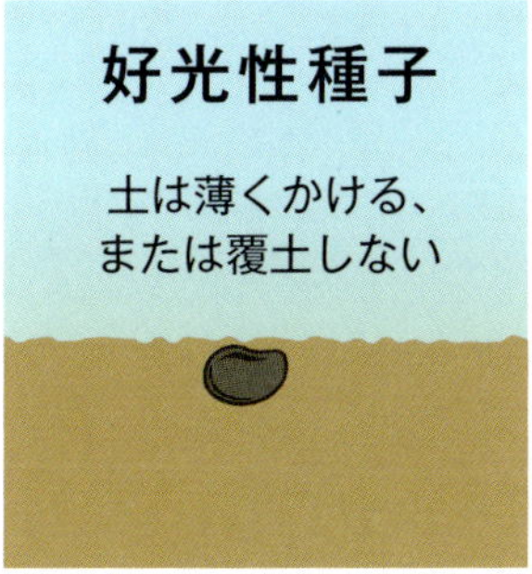

好光性種子

土は薄くかける、
または覆土しない

（＊乾燥に注意）

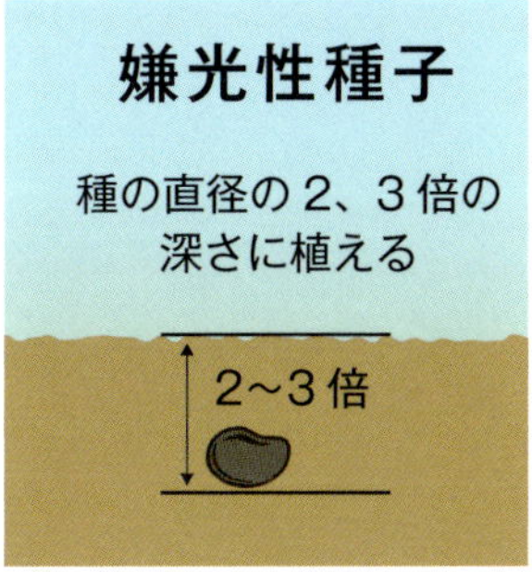

嫌光性種子

種の直径の 2、3 倍の
深さに植える

2～3 倍

発芽の進行と吸水の3段階

タネの発芽は吸水から始まる

発芽の3条件（水・適温・酸素）が揃うと、タネは、いよいよ発芽の段階に入る。タネの中の胚は、極度に乾燥した状態（含水率10％程度）で成長を休止しているので、成長を再開するには吸水が必要になる。発芽期の吸水過程は、次頁の図のように3段階に分かれている。

第1段階　吸水期（物理的吸水）

まかれたあとのタネは、最初に急激な吸水が起こり、含水率が一気に高まって、重さを急激に増し、タネの外観が大きくなる。この時期は「吸水期」と呼ばれている。

吸水期の吸水は、タネが自ら積極的に水を吸収するのではない。完全に物理的（受動的）な吸水として、勝手に種皮からタネの中にしみこんでくるもので、低温条件下でも、発芽する能力のないタネでも起こる。

第2段階　発芽準備期（生理的吸水）

吸水期を過ぎると、一時的に含水率の増加が停滞する。この「生理的吸水」の時期を「発芽準備期」と呼ぶ。

この時期から、吸収した水によって、タネの中のいろいろな酵素が活性化され、働き始める。もっとも早く活性化するのは呼吸に関わる酵素で、そのため発芽準備期の前期には、呼吸量が上昇し、多量のエネルギーが生み出される。

発芽のために蓄えているデンプンやタンパク質、脂肪などの物資は、種子に備わっている消化酵素によって分解され、幼芽や幼根の成長のための材料になる。

発芽準備期の後期には、細胞の分裂や伸長を起こす植物ホルモン（サイトカイニンやオーキシン）が合成される。

第3段階　成長期（成長的吸水）

発芽準備期に停滞していたタネの吸水は、幼芽と幼根の成長が始まる「成長期」に「成長的吸水」として再開され、種皮が破れて発芽が始まり、急速に成長する。

以上のように、タネの発芽とその後の成長には、十分な水分の吸収が必須であり、播種したときの土壌水分の不足は、正常な生育への重要なマイナス要因になる。その一方で、土壌の過剰な水分は、呼吸のための酸素不足につながり、発芽障害を引き起こす。

適切な水分の保持と通気性が両立する土壌管理が、発芽が始まる健全な生育へのポイントである。

タネの発芽期と吸水の３段階

タネの発芽期と吸水様式

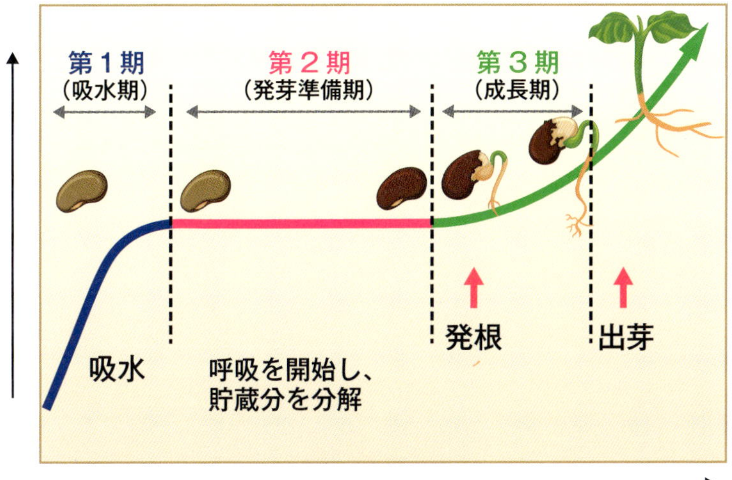

第１期 ：物理的吸水。タネが膨潤。
第２期 ：生理的吸水。呼吸を開始し、貯蔵分を分解。
第３期 ：成長開始に伴う吸水。

発芽準備期の生理機能の変化

種子内酵素の活性化	（貯蔵物質の分解・再合成）
植物ホルモンの合成	（細胞分裂：サイトカイニン） （細胞伸長：オーキシン）
呼吸量の上昇	（酸素要求量の増大）

タネの発芽と休眠の仕組み

発芽の条件「休眠していない」こと

タネの発芽には、28頁で説明した3条件（水・適温・酸素）の他に、実はもうひとつ、タネが「休眠していない」という条件が必要になる。

一般に植物のタネは、十分に成熟すると水分含量が減少し、代謝活性が抑制された休眠状態になる。これを一次休眠という。その後、休眠から覚めた状態で、発芽に不適な環境に置かれたときに再び休眠に入ることを二次休眠という。

タネの休眠は、その要因によって2つに区分される。

【種皮性休眠】 厚い種皮や果皮による酸素や水の供給の抑制や、種皮が固く幼根が突き破れないことなどが原因となる場合が多く、種皮を除去したり、種子表面に傷をつけたりすることによって発芽を誘導することができる。

【胚休眠】 タネの中の胚自身に休眠の原因がある場合で、これは後述するように植物ホルモン（アブシジン酸とジベレリン）のバランスによって支配されている。

なぜタネは休眠するのか

タネが休眠性を持つのは、低温や乾燥などの不適な環境におかれる秋冬に発芽せず、気温が上昇した生育に好適な春に出芽するためである。

秋に結実したタネは、冬の低温を感受しなければ発芽しないという性質を持つものが多い。冬の低温を受けてタネは目覚め、春の暖かさに反応して発芽が起こる。これは、いったん発芽すれば、冬の寒さを逃れて移動できない植物が、命をつないでいくために身につけた護身術である。

休眠を制御する植物ホルモン

タネの胚休眠は、2つのホルモンによって制御されている。

【アブシジン酸＝ＡＢＡ】 休眠を強め、発芽を抑えるブレーキ役。このホルモンの働きが強いと、種皮が水を透過しにくくなり、タネの中の水分が増えなくなる。タネの中のデンプンが分解するのを抑える働きもある。

【ジベレリン＝ＧＡ】 休眠を弱め、発芽をうながすアクセル役。種皮を軟化して吸水しやすくする。デンプン分解酵素のアミラーゼの分泌を促進させて、発芽のエネルギー源となる糖質をつくり出す。

低温によって休眠が打破されるタネでは、低温下でＡＢＡが分解され、ＧＡが合成される。タネの中にＧＡを増やし、ＡＢＡを減らす環境をつくることが、休眠を止めて発芽をよくする基本である。

休眠を制御する植物ホルモン

アブシジン酸
(ABA)

ジベレリン
(GA)

休眠誘導
気孔閉孔・落葉
種子熟成・落果

休眠打破
種子発芽・伸長成長
開花促進・老化抑制

(資料：槻岡建設「化学のお勉強」より一部改変)

ジベレリンとアブシジン酸のレタスの発芽に対する効果

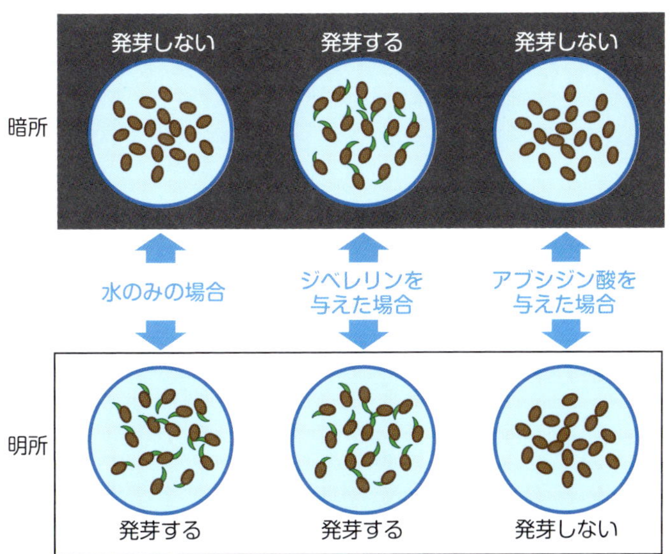

(資料：「タネのふしぎ」田中修、2012)

発芽促進法

発芽が揃わない「硬実種子」

一般に種皮が硬い、または厚くて吸水しにくいものを「硬実」という。成熟種子の段階で種皮が不透水性になっていて、発芽に不可欠な水分が吸収できず、そのままでは発芽に時間がかかり、地上への出芽に多くの日数が必要になる。

エンドウ、インゲンマメのタネでは、乾燥貯蔵した場合、含水量が一定以下になると、ある程度の硬実を生ずることがある。またオクラのタネも乾燥により硬実を生ずるといわれている。アサガオのタネは硬実種子の典型である。

硬実種子は、土壌中で長期間経過すると微生物の作用で種皮が水を透過するようになり、発芽してくる。一斉に全部が発芽した場合は、自然災害や気象の変動により全滅する危険がある。硬実種子は、これを避けるために徐々に発芽するように進化したものだと考えられている。

発芽促進法①　事前吸水

オクラは発芽が揃わないことが多い。そのため、育苗中は生育ムラが出る。では、発芽を早く揃えたいときはどうするか。

オクラのタネを半日ぐらい水に浸したあと、湿った布に包み、ポリ袋に入れて、30℃ぐらいの暖かい場所に1～2日置く。毎日様子をみて、一部のタネに1～2㎜の白い根が見えたら、取り出してタネまきする。

オクラは、熱帯原産の特性を強く残している。発芽の適温は25～30℃と高い。だからタネまきはあわてず、地温の上がるのを待つのが、発芽を揃えるための大前提になる。

発芽促進法②　種皮カット

硬実種子を、より揃って発芽させるには、種皮の一部を切除、または傷つける方法がある。ゴーヤ、草花のアサガオ、キンセンカ、スイートピーなど。

タネの中の胚（子葉、胚軸、幼根）付近を避けて、種皮の一部を刃物（爪切りやカッターなど）で切る、またはヤスリなどで傷をつける。

これは、種皮に穴を開けてタネまき後の吸水促進をねらう方法である。

＊

「硬実種子」は特殊なタネなので、ほとんどの品目のタネは事前吸水も種皮カットも必要はない。発芽しにくいタネでも、加工によって発芽率を高めたものが市販されている。

硬実種子の発芽促進法

種皮カット法

ゴーヤのタネ
タネの尖った部分（●）を少しだけ爪切りなどで切り取ると、発芽しやすくなる。

アサガオのタネ

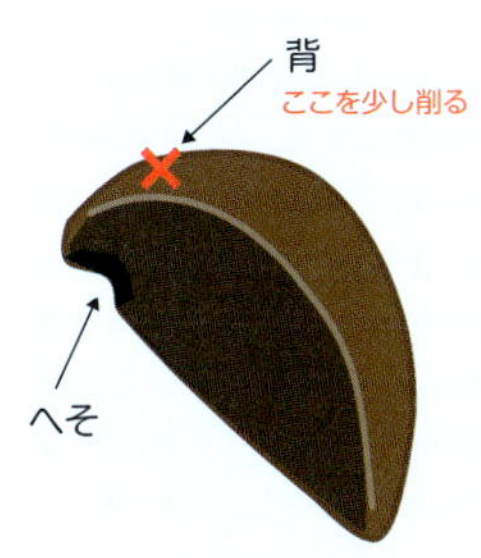

へその周囲をさけ、背側の種皮の一部をヤスリで削り、白い部分が見えるようにする。

休眠打破法

「一次休眠」するタネ

多くの野菜のタネは、成熟するに伴い、自然に休眠（一次休眠）して、採種後2～3カ月の間は、そのタネをまいても発芽しない。休眠のある種類は、アブラナ科、アカザ科、キク科、セリ科などが主体であるが（次頁表参照）、ウリ科のメロンの中にも、深い休眠性を持つ品種がある。

多くのタネは、成熟後の乾燥によってタネの含水量が低下すると休眠が解除される。この現象を後熟という。

市販のタネは、乾燥して一次休眠が解除された状態にあるので、一次休眠についてはあまり注意する必要はない。

「二次休眠」が発芽を悪くする

ただし、この一次休眠が解除されたタネが、発芽に不利な条件におかれた場合、それに耐えようとして再び休眠に入る現象がみられることがある。これを二次休眠という。この休眠中も発芽が抑制される。

レタス、ゴボウ、ホウレンソウなど数種の野菜が二次休眠する性質を持っている。これらの野菜の発芽適温は20℃前後で、夏など気温（地温）が25℃以上のときにタネをまくと、二次休眠状態となって発芽率がとても悪くなる。そのため、発芽適温のときにタネまきするか、休眠打破処理をしてタネまきをする必要がある。

夏まき種子の休眠打破法

ホウレンソウの場合、休眠打破処理が必要なのは、発芽しにくい高温期の夏場だけ。（次頁図参照）

ホウレンソウの夏まき栽培をするときは、まずはタネを水に浸すこと。途中で水を取り替えるのは、種皮から溶け出る休眠物質（植物ホルモンのアブシジン酸）を流し出すため。

さらに、高温はホウレンソウの休眠を二次的に誘導するので、湿らせたタネを冷蔵庫の野菜室（5～10℃）に2～5日入れて発芽を促し、発根させてからタネまきをする。タネを低温下におくことで、アブシジン酸が分解されて、発芽を促進するジベレリンの量が増える。これで暑い夏でも発芽が進むことになる。

＊

ホウレンソウは、発芽の適温の時期では、タネを水に漬けないでまくのが原則である。ただし、水分は十分に必要なので、雨を待って畑に水分がある状況を確認してからタネまきすること。数日間は寒冷紗などで被覆する。

採種後に休眠性のあるタネ（一次休眠）

・アブラナ科（キャベツ・ハクサイ他）
・アカザ科（ホウレンソウ・フダンソウ）
・キク科　（レタス・ゴボウ）
・セリ科　（ニンジン・セロリ）
・シソ科　（シソ）
・ネギ科　（ニラ）

夏まきホウレンソウおよびレタスの休眠打破法（発芽促進処理をしていない場合）

※コート種子・ネーキッド種子は除く

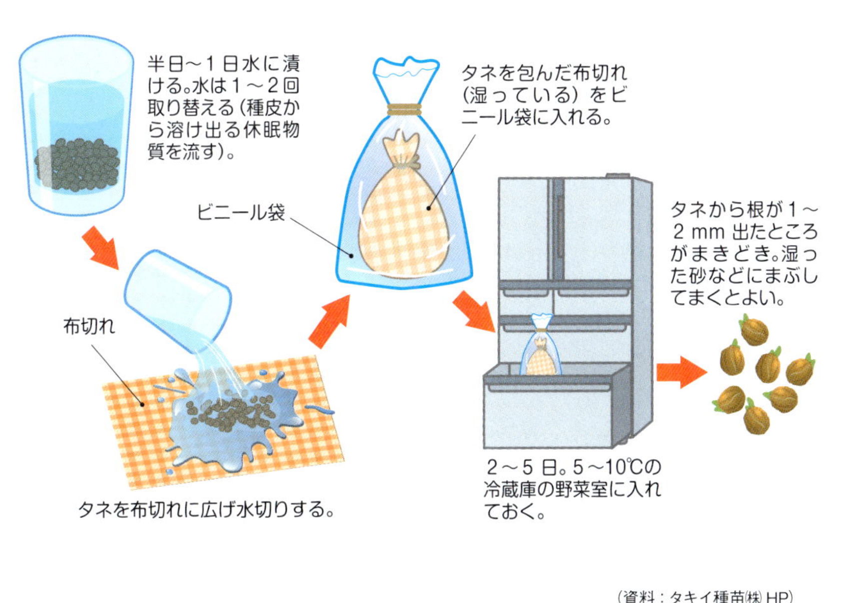

（資料：タキイ種苗㈱ HP）

タネの催芽処理

●タネを発芽の「準備万全状態」に

発芽・出芽を促進する技術として、比較的安定した効果が期待できるのが、プライミング処理。

タネを水や温水に浸けて芽を出させるのは催芽というが、プライミングとは、食塩水などを使ってタネにじわじわとわずかな水を与え、発芽は抑えながらタネの内部の多くの生理反応を進める処理のことをいう。このプライミング処理をして、発芽の「準備万全状態」になったタネが種苗会社から市販されているが、「多孔質培養土プライミング」なら農家の現場でも実践可能である。

炭に埋めるプライミング処理

トウモロコシ、春まきホウレンソウ

①タネを布袋に入れて、縛る。

②半日水に浸ける。

③布袋ごと植木鉢に入れ、そのまわりに炭（くん炭も可）をつめる。

※炭には水を十分含ませておく

④鉢の上面をビニールで覆い、ひなたに48時間おくと均一に催芽する。

第4章 タネの貯蔵

タネの寿命（発芽能力維持期間）

タネには寿命がある

タネ袋の裏には、有効期限と発芽率が記載されている。冷暗所で正しく保存した場合、そのタネがいつまで記載された発芽率を維持できるかという目安である。

市販されているタネは、有効期限（一般に、発芽検定試験日から1年とするものが多い）を過ぎても発芽しないというわけではないが、タネにも、発芽能力を維持できる期間＝寿命がある。タネは完熟期に最高の活力を持つようになるが、その後は衰退の方向に向かい、ついには死滅（発芽能力を喪失）する。

タネの寿命による分類

わが国では、各種類のタネをその寿命により、次の3つに分類している（近藤、1933）。

長命種子…寿命4〜6年、またはそれ以上。
常命種子…寿命2〜3年。
短命種子…寿命1〜2年。

ただし、タネの寿命は、種類によって常に一定したものではなく、さまざまな要因に影響され、長くも短くもなる。

その要因は、採種されたときの環境条件、タネの熟し方、水分含有量、保存状態などであり、これらの要因によってタネの寿命は大きく左右される。

タネの寿命に影響する要因

【完熟前の障害】　わが国の採種栽培では、ニンジン、キャベツ、レタスおよびタマネギなどは6月から7月にかけてタネが成熟する場合が多いが、この時期はちょうど梅雨期で、気温が高く、雨量が多く、湿度が高い。そのためタネの成熟期間中に、母植物が高温と多湿を受けて衰弱し、同時に病害発生が著しくなるため、タネの成熟が妨げられ、発芽力と寿命が低下しやすい。

【収穫・調製作業の適否】　収穫・調製（刈取り、脱粒、精選、乾燥など）の作業がタネを損傷し、寿命を縮めることがある。特に脱穀、精選機の回転が早すぎたときに被害を受けることが多い。また、高温多湿の時期の収穫のため、収穫後のタネの蒸れにより急速に活力低下を引き起こしたり、加熱乾燥時の過熱でタネの寿命を縮めたりすることも多い。

【貯蔵中の環境条件】　貯蔵中のタネの活力と寿命に影響するもっとも重要な環境要因は、タネをとりまく空気の相対湿度と温度の2つである。

野菜の種子の寿命（目安）

分類		寿命	野菜
長命種子		4～6年（それ以上）	トマト、ナス、スイカ
常命種子	やや長命	3～4年	ダイコン、カブ、ハクサイ、ツケナ、キュウリ、カボチャ
	やや短命	2～3年	キャベツ、レタス、ホウレンソウ、ゴボウ、トウガラシ、エンドウ、インゲンマメ、ソラマメ
短命種子		1～2年	シソ、エダマメ、スイートコーン

＊種子の乾燥程度や保存状態で寿命は変わる。低温冷蔵が保存の基本。

（資料：日本種苗協会「種苗読本」他）

活力のある種子（寿命の長い種子）を得るには

種子活力の高低が、種子の寿命の長短に影響する

①適切な肥培管理や病害虫防除によって管理された植物体から、成熟した種子を収穫すること。

②収穫後の調製・乾燥作業で種子を傷つけないこと、含水率を速やかに下げることが大切。

タネの寿命と貯蔵条件

低温・低湿が最重要条件

同一の種子であっても、貯蔵期間中の環境条件の違いによって、寿命に著しい差を生ずる。

貯蔵中のタネの活力と寿命に影響するもっとも重要な環境要因は、タネの周りの空気の相対湿度（RH）と温度の２つである。

タネの周りの空気の相対湿度は、20～25％を下限として、低いほどタネの活力の低下を遅らせ、寿命を長くする傾向がある。また温度も低いほど寿命を長くする傾向がある。

種子寿命とハリントンの法則

さらに、相対湿度に左右されるタネの含水率も寿命に影響する。ハリントン（１９５９）は、タネの含水率と気温がタネの寿命に及ぼす影響についてのおよその目安として、次の法則があてはまると述べている。

❶タネの含水率が１％増加するごとに、タネの寿命は２分の１に低下する（この規則はタネの含水率が、およそ５～14％の間にある場合に適用される。５％より低下すると、逆にタネの寿命が短くなり、14％を越えると、菌が繁殖して発芽力を損傷する）。

❷タネの保管温度が５℃上がるごとに、タネの寿命は半減する（この規則は、０～50℃の間にある場合に適用できる）。

ジーンバンクの貯蔵理想環境

タネは、相対湿度と温度の２つを最適条件に調節した倉庫内で貯蔵できれば理想的である。

農業生物資源研究所（筑波）のジーンバンクには、植物遺伝資源を保存するための種子貯蔵庫がある。この貯蔵庫は冷凍機と乾燥剤による除湿装置を備えており、相対湿度30％以下・マイナス１℃で配布用の種子の保存が行われ、また、永年保存用のタネはマイナス10℃の極低温下で保存されている。このような環境条件では、タネの種類によっては、数百年も寿命を保つことが期待されている。

「加工種子」は寿命低下が早い

現在普及が広がっている「加工種子」は、無処理種子より寿命低下が早い。特に発芽の促進と斉一化のためのプライミング処理をした種子は劣化が早い。播種作業簡便化のためのペレット、フィルムコート、シードテープも、吸湿しやすいので要注意。有効期限内に使いきるのが原則である。

相対湿度と温度が種子寿命に及ぼす影響

ハリントンの法則

タネの寿命は・・・

1）種子含水率が１%増す毎に、半減する。

2）温度が５℃上昇する毎に、半減する。

適用範囲：温度０～50℃
かつ種子含水率：５～14%

要約

種子含水が１% 上がると
保管温度が５℃上がると

寿命は半分に短命化！

遺伝資源保存施設の種子貯蔵環境

◀温度マイナス１℃、相対湿度 30%に保たれた配布用種子貯蔵庫（農業生物資源ジーンバンク）
（＊永年保存用はマイナス10℃で冷蔵）

▲種子を保存するペットボトル

タネの保存方法

基本は低温・低湿（乾燥）保存

タネの発芽力を保存するには、乾燥したタネを、低温・低湿の環境に置くことが根本的な要件である。こうすれば種子内に起こる生化学的作用が抑えられ、呼吸作用によるエネルギー給源物質の消耗、さまざまな酵素の消失などが阻止されるので、発芽力が長く保持される。

販売用のタネの貯蔵庫として、わが国の種苗業界で一般に使われているのは、冷却除湿倉庫である。冷却除湿装置のない普通倉庫では、夏越しによる劣化が避けられない。わが国の夏の気候下で放置されたタネは、容易に吸湿や脱湿を繰り返し、それだけ変性の速度を早めるものと考えられる。短命種子とされているネギ、タマネギ、ニンジン、ゴボウ、ミツバなどは、防湿包装や缶詰種子として密封したものを冷蔵保管することで、夏場の高温多湿による劣化を防いでいる。

冷蔵庫＋乾燥剤＋密封保存で

使い残したタネを翌年まで保存する場合も、タネの活力低下を防ぐためには、低温・低湿（乾燥）が保存の条件になる。

低温・低湿の条件を満たす、身近にある保存場所は、家庭用の冷蔵庫である。大型になった最近の冷蔵庫は、冷凍室と冷蔵室が併設され、さらに専用の野菜室が設けられたものが一般的になっている。

【冷蔵庫内の保存場所は？】

❶野菜室…生野菜は乾燥が一番の敵なので、高機能化した野菜室では、湿度が60％以上、なかには95％の高湿度に維持されているものもある。種子の好適保存湿度は30％とされているので、高湿度の野菜室は保存に向いていない。

❷冷蔵室…野菜室以外のところの湿度は、30％程度であるから、タネの保存場所として適している。保存温度が5℃下がるごとに寿命は倍になるといわれる。冷蔵室内は1～5℃で、この温度と湿度で保存すれば、短命種子のネギやタマネギでも寿命は伸ばせる。

❸冷凍室…室温マイナス18℃の保存では、タネをさらに長く保存できる。長期保存向けなら冷凍室がよい。ただし、タネが十分に乾燥していることが条件になる。室温から冷凍するときは、1～2日冷蔵を経過させ、その間に同梱した乾燥剤によって乾燥度を高めること。種子内水分が氷になってタネを傷めることを防ぐためである。

次頁図のような、少量の保存でも、容器に乾燥剤とタネを入れて密封すること。「冷蔵庫＋乾燥剤＊＋密封」がおすすめの保存法である。

＊海苔などに添えられた小袋入り生石灰などでもよい。

冷蔵庫のタネ保存適否

タネの保存法

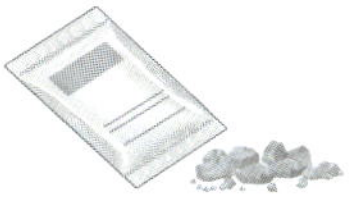

①乾燥剤（シリカゲルまたは生石灰の塊）を入れる。

②タネを紙袋に入れて乾燥剤の上に置く。

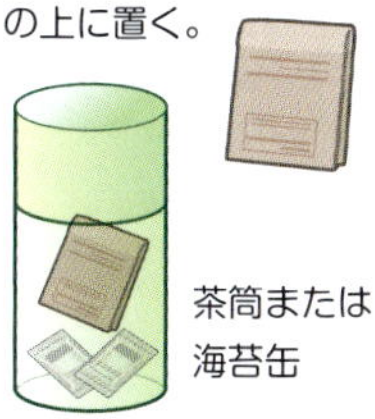

茶筒または海苔缶

③缶にふたをしてテープを巻いて密封する。

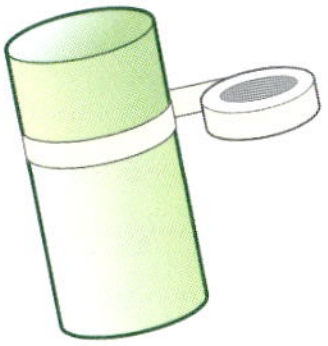

④冷蔵庫に保管する。

冷蔵庫のタネ保存適否

冷蔵室
温度：1～5℃
湿度：30%
タネ保存に好適

冷凍室
温度：－18℃
タネ長期保存に向く
（乾燥種子が条件）

野菜室
温度：5～7℃
湿度：60% 以上
高湿度は不適

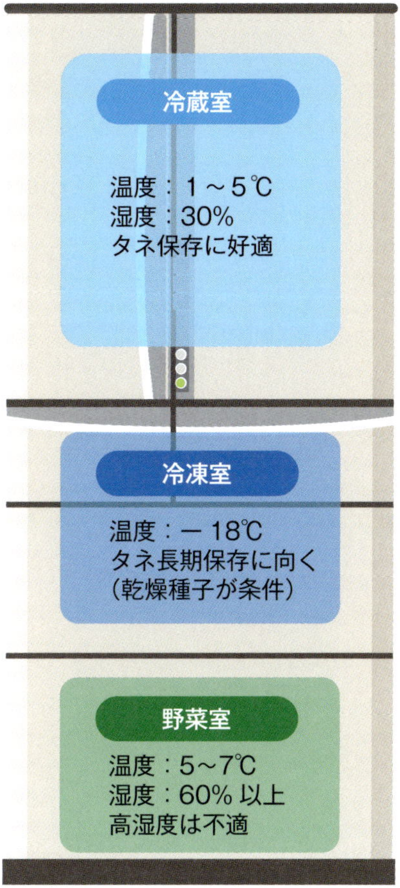

保存の基本は　冷蔵庫 ＋ 乾燥剤 ＋ 密封

（資料：板木利隆、2012）

タネの発芽試験法

発芽試験とは

発芽試験とは、タネの活力（芽を出す割合と早さ、前者を発芽率、後者を発芽勢という）を調べることをいう。

発芽試験の試験項目として、もっとも重視されるのは発芽率（発芽歩合ともいう）である。湿った発芽床に置床したタネは日を追って発芽（種皮を破って幼植物体の一部が現れてくること）してくるが、発芽しうるとみられるものがほぼ出揃う時期を目安として発芽締切日とし、この時点での発芽種子数の全置床種子数に対する百分率（％）を発芽率とする。発芽締切日はタネの種類別（作物別）に基準がある（次頁表参照）。

基本的な発芽試験法

もともと市販のタネは、あらかじめ発芽検定試験を受けており、市販種子としての基準発芽率に合格したものだけが、保証する発芽率とその有効期限を表記して販売されている。

「国際種子検査規定」に準拠した、その基本的な試験方法を紹介しよう。

【検査粒数】　一点400粒で試験する。試験容器ごとの置床粒数100粒なら4区制（4つの容器）となる。

【容器】　タネの種類によって異なるが、一般に透明のシャーレを使用する。タネの大きさによって直径9㎝と12㎝を使い分ける（次頁表参照）。

【発芽床】　普通シャーレにろ紙2～3枚を敷いて、タネごとの規定水分量を給水する（タネによって砂を使うことも）。

【温度】　作物ごとの発芽適温環境での試験が前提となる。適温下の室内または定温器内に入れて発芽検査を行う。

【光線】　タネはその種類によって、好光性（明発芽）種子と嫌光性（暗発芽）種子があり、光線量を使い分ける。

【休眠打破】　野菜のタネには採種後の一定期間、休眠して発芽しないものがある（アブラナ科、キク科など）。これらのタネには発芽試験前に、予冷（5℃で3日間）して休眠を打破する（硝酸カリ・チオ尿素などで化学処理する方法もある）。

簡単な発芽力の確認方法

前年度の保存タネを利用する場合には、タネまきの前に発芽能力をあらかじめ確認する必要がある。

家庭レベルの発芽力テストは、次頁図のような簡単な方法でよく、タネとお皿とワタなどを用意して、水だけ与えて、発芽の様子を確認する。発芽勢が悪く、発芽率も低いようなら新しいタネを購入したほうがよい。

野菜別発芽試験方法

種類	温度（℃）	発芽床		置床粒数	締切日数		光線
		大きさ（cm）	水分量（cc）		発芽勢	発芽率	
ダイコン	25	12	8	100	3	6	D
キャベツ	25	12	8	100	3	10	L
レタス	20	9	4	100	3	7	L
タマネギ	20	9	4	100	6	12	―
トマト	25	9	4	100	5	12	―
キュウリ	25	12	8	100	3	7	―
カボチャ	30	12	8	50	4	7	D
トウモロコシ	30	12	12	50	4	7	―
ニンジン	25	12	8	100	6	10	―
ホウレンソウ	20	12	6	100	7	14	―
シソ	20	9	4	100	5	12	L

（注）
①発芽床の大きさは、シャーレの直径を示す。
②水分量は、シャーレ内に敷いたろ紙に加える水分量。
③光線のDは嫌光性、Lは好光性を示す。

簡単な発芽力の確認方法

① お皿に水をしめらせた厚手の布かワタを敷く。

底は広いほうがよい
水は滴るほど

② 布の上に10～20粒のタネを並べる。

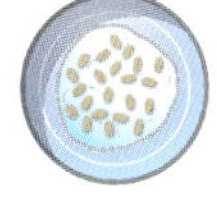

タネは重ならないように少し押しぎみにおく

③ お皿の上に新聞紙などをふんわりとのせる。

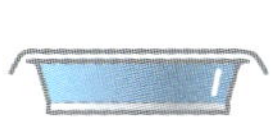

フタはきっちりしないほうがよい

④ 数日後発芽してきた様子を観察する。

発芽率が高いほど能力は高い

（資料：戸沢英男、2006）

タネの箱舟・世界種子貯蔵庫

●絶滅防止の「箱舟」を北極圏に設立

北極圏の永久凍土層につくられた、世界の作物種子を冷凍保存する世界最大のスヴァールバル世界種子貯蔵庫。

ベント・スコウマンが提唱し、ビル・ゲイツが主導して、ノルウェー領スヴァールバル諸島内のスピッツベルゲン島で2008年から操業を開始。

ノルウェー政府はこれを「種子の箱舟計画」と称し、世界100カ国以上の支援を受けて具体化された。この施設は、今後予想される大規模で深刻な気候変動や自然災害、植物の病気の蔓延、さらに核戦争などに備えて農作物種の絶滅を防ぐとともに、世界各地で地域的絶滅があった際には栽培再開の機会を提供することを目的にしている。

●日本からの貴重な遺伝資源も貯蔵

最大300万種の種子が保存可能な地下貯蔵庫は、マイナス18～20℃に保たれ、万一冷却装置が故障しても永久凍土層によってマイナス4℃を維持できる環境に置かれている。2017年現在、貯蔵庫に保存されているタネは88万種で、種子を預け入れた国・地域がその管理活用権を有する。

日本からは、2014年に、岡山大学資源植物科学研究所が70年にわたって世界各地から収集したオオムギ種子575系統（各300粒）を提供、貯蔵されている。

スヴァールバル世界種子貯蔵庫の出入り口

画像提供：岡山大学資源植物科学研究所　佐藤 和広

第5章 育苗とは

育苗の歴史（農業の変化と育苗の意義）

育苗の重要性

苗がある程度大きくなるまでの一定期間、人工的に管理された環境化で保護・育成することを「育苗」という。一般的に発芽直後の植物は、雨や風などの気象変動に弱く、病気や害虫などの被害も受けやすい。人間の赤ちゃんが産まれたあとの一定期間、整った環境下で保育されるのと同じように、植物も幼苗時は人の手を加えながらよりよい環境で管理してあげることが、丈夫で元気な苗を育てるうえで非常に重要である。

なお、育苗の方法は作物の種類によって異なるが、その歴史は古く、稲作においては苗を育てて田植えをする技術が奈良時代にはすでに一般化していたといわれている。

農業の変化に伴う育苗の変化

農業に昔から伝わる「苗半作」（苗を育てるまでで半分その作物をつくり終わったようなもの）という言葉が物語る通り、苗の良し悪しは作物の栽培成績に多大な影響を及ぼす。そのため、かねてより農家たちは大変な苦労をして自家育苗を行ってきたが、近年は消費者ニーズに対応するための作期および生産規模の拡大、また農家の高齢化などといった農業の変化に伴って「購入苗」に頼るユーザーが増え、欧米のような「育苗と栽培の分業化」「高度な技術力に支えられた良質苗購入」が進展しつつある。ただ、日本におけるこのような形態での苗の生産販売の歴史はまだ浅く、改善すべき課題もある。そのひとつが流通面だ。たとえば、苗生産者がどんなに良質な苗を生産しても、輸送の段階で適切な管理が行われなければ栽培農家によい苗は届かない。また、どんなに良質な苗が栽培農家に届いても、移植の段階で適切な管理が行われなければよい作物は育たない。

育苗と栽培の分業化や良質苗購入をより進展させていくうえでは、苗生産者、販売業者、輸送業者、栽培農家が密接な連携をもち、〝生き物〟である苗の品質を最大限に活かしていくような体制の整備が一層必要である。

タネから苗をつくる醍醐味

自家育苗を行うのは多少の手間がかかるものの、「購入苗」を栽培するのとは異なるメリットや楽しさもある。

まず、タネから苗をつくれば、園芸店にはない品種やお気に入りの品種、新しい品種などを栽培することができる。さらに、「苗半作」だからこそ、タネから自分の手で育てた作物を収穫する喜びや達成感は格別なものとなる。

古今育苗くらべ

タネもみを池から上げ、晴れた日に苗代に播種する。（江戸時代）

近年は農業の大規模化や高齢化に伴う省力化が進んでいる。

果菜類の育苗①ナス科野菜

育苗のコツ①タネまきの適期を知る

果菜類の育苗は難しい、と思われがちだが、ポイントさえおさえれば心配はない。ここでは、家庭菜園でも人気の高いナス科の苗づくりの3つの〝コツ〟を紹介する。

最初のコツは、「タネまきの時期を知る（守る）」こと。タネまきをいつ行うかは、定植を行う時期から逆算して考える必要がある。一般に果菜類の野菜（特にピーマンやナス）は高温を好むため、一般地での家庭菜園では5月上旬ごろから植え付けを開始する。そこから逆算すると、ピーマンやナスは2月下旬～3月中旬ごろ、トマトは3月上旬～中旬ごろがまき時期の目安となる。

育苗のコツ②必要な資材を準備する

用意するものとしては、タネ、培土、タネをまく容器（つくる苗の数が多ければ播種箱、数十株程度ならセルトレイ、数株ならポット）、鉢上げするポリポット、ジョウロ、気温と地温を測定する温度計、トンネル資材や保温用資材などがある。なお、タネまき時期である2月下旬～3月はまだ寒いため、温床装置（保温マットやサーモなど）もあると便利だ。

育苗のコツ③野菜ごとの適温を保つ

ナス科野菜の発芽適温と生育適温は、次の通りだ。

●トマト…発芽までは25～30℃で管理し、発芽後は昼温25℃、夜温15℃を目安に管理する（2～3葉期に第1花房の花芽が分化するが、この時期に低温にあうとチャック果や窓あき果になりやすいので、本葉3枚前では最低気温が12℃以下にならないように注意）。12～15㎝のポリポットに移植（鉢上げ）後は、地温20～22℃で2日間管理し、その後、定植期に向かって地温15℃、夜温10℃まで1週間に1℃ずつ下げていく。

●ナス…発芽までは20～30℃で管理し（地温を昼間30℃、夜間20℃とする変温処理をすると発芽が揃いやすい）、発芽後は昼温25～28℃、最低夜温は本葉2～4枚までは14～16℃、その後は10℃まで徐々に下げていく。12～15㎝のポリポットに移植後は、地温20～22℃で管理し、夜温は16℃から本葉5～6枚までに12～14℃、その後10～12℃に下げる。

●ピーマン…発芽までは地温30℃で管理し、発芽後は昼温27～28℃、地温25℃で管理する。12～15㎝のポリポットに移植後は地温を22℃から20℃に下げ、夜温は本葉5枚程度まで20℃、その後徐々に下げていき定植の1週間前には12℃程度にする。

タネまきと植え付け時期の目安

品目	2月			3月			4月			5月			6月			育苗日数
	上	中	下	上	中	下	上	中	下	上	中	下	上	中	下	
トマト				●	●	---	---	---	---	▲	▲					60日
ナス			●	―	●	---	---	---	---	▲	―	―	▲			70〜80日
ピーマン			●	―	●	---	---	---	---	▲	―	―	▲			70日

※ ●―●タネまき、------- 育苗、▲----▲定植

こんな苗に育てよう

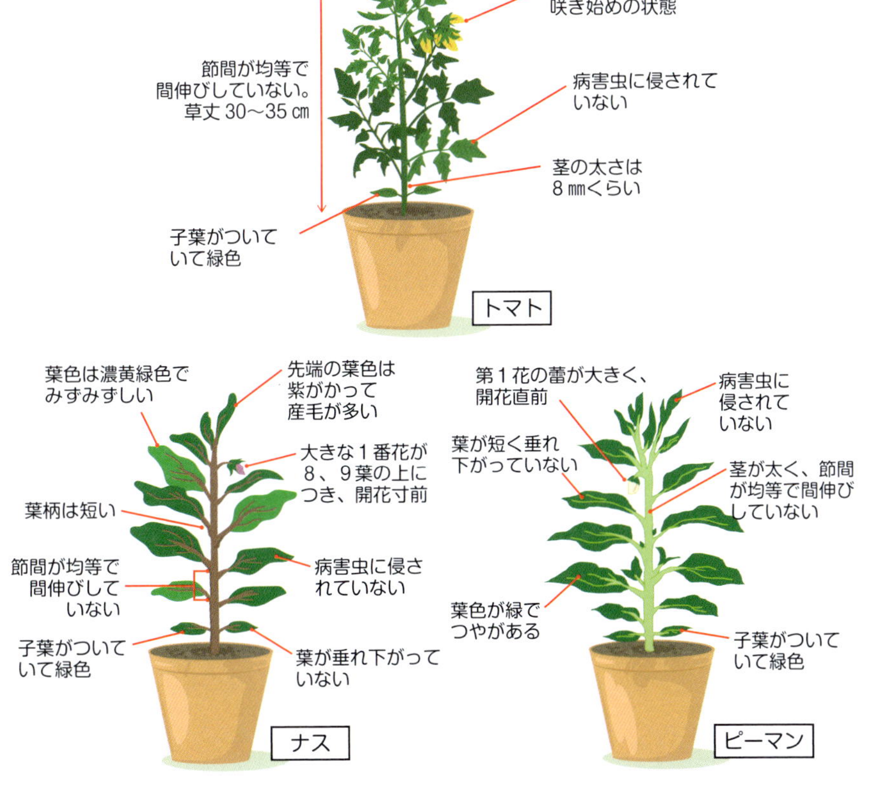

果菜類の育苗②ウリ科野菜

育苗のコツ①タネまきの適期を知る

キュウリやカボチャ、メロンなどのウリ科の野菜は前頁で紹介したナス科と同じ果菜類であり、植え付けを開始する時期もともに5月中旬ごろからである。ただし、タネまきの適期も同じかというと、そうではない。理由は、ウリ科野菜とナス科野菜では、育苗の日数（＝定植時の苗の大きさ）が違うからだ。

発根力が強く、定植後根を深く伸ばすナス科野菜は、若苗を植えると過繁茂になりやすいので開花前まで（60～80日）育苗するのに対して、発根力が弱く、葉が大きくて蒸散量が多いウリ科野菜は、大苗を定植すると活着不良になりやすいため本葉3枚前後の若苗を植え付ける（育苗日数20～30日）。そこから逆算して考えると、キュウリやカボチャは4月上旬～中旬ごろ、メロンは4月上旬ごろがタネまきの適期となる。

なお、育苗をするうえで準備する資材は、ナス科野菜と同様でよい。

育苗のコツ②野菜ごとの適温を保つ

代表的なウリ科野菜の発芽適温と生育適温は、次の通りである。

●**キュウリ**…発芽までは地温28℃で管理し、発芽が始まったら23～25℃に下げる。移植後は地温20～22℃で管理し、定植2～3日前には地温16～18℃にする。

●**カボチャ**…発芽までは地温28℃を目標とし、発芽3～4日後から23～25℃に下げる（発芽始めの夜温は15～17℃、子葉が展開したら12～14℃にする。高夜温や土壌水分が多いと徒長しやすいので注意）。移植後は、徐々に夜温を下げ、定植前には8～10℃にする。

●**メロン**…発芽までは地温25～28℃で管理し、発芽後は23～26℃に下げる。移植後は、徐々に夜温を下げ、定植前には15～16℃にする。

ナス科とウリ科では発芽までの期間も違う

定植時の苗の大きさだけでなく、ナス科野菜とウリ科野菜では発芽までにかかる日数も異なる。

たとえば、ウリ科野菜のなかでも特に短期間で発芽するキュウリは、適温下であれば3日ほどで発芽するのに対し、ナス科野菜のナスやピーマンは発芽までに1週間ほど時間を要する（地温が20℃を下回るとさらに時間を要する）。

このような野菜ごとの発芽日数の違いを知っておけば、発芽しないからといって無駄な心配をせずにすむ。

タネまきと植え付け時期の目安

品目	2月			3月			4月			5月			6月			育苗日数
	上	中	下	上	中	下	上	中	下	上	中	下	上	中	下	
メロン							●	----	----	▲	▲					50日
キュウリ							●	●	----	▲	▲					30日
カボチャ							●	●	----	▲	▲					35日

※ ●―● タネまき、------- 育苗、▲----▲ 定植

こんな苗に育てよう

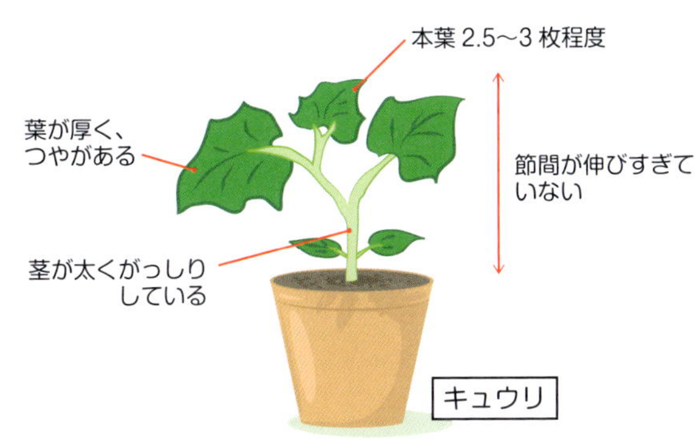

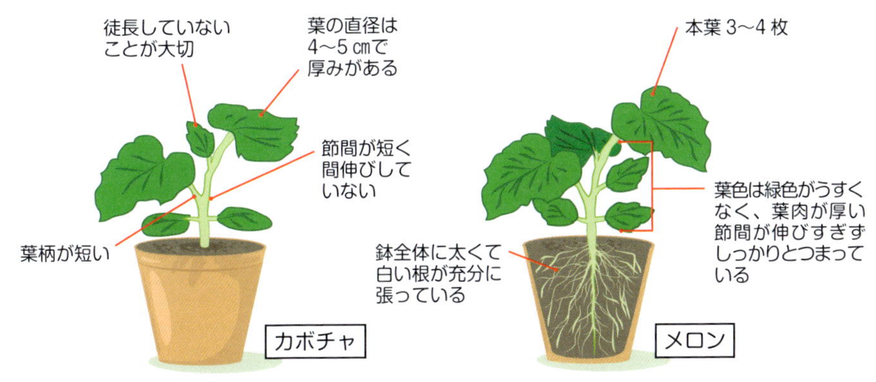

果菜類の育苗③イチゴ

育苗のコツ①繁殖形態を理解する

ナス科やウリ科に限らず、多くの野菜は花を咲かせて受粉し、タネを残すことで次の世代へと繁殖していく（種子繁殖）のに対し、イチゴは自らの体の一部、具体的には親株の株元（クラウン）の葉えきからほふく茎（ランナー）を発生させ、その先端に根、葉、茎を持つ新しい株（子株）を形成することで繁殖していく（栄養繁殖）。この子株を採取、育苗して定植するのが一般的である。

栄養繁殖の場合、親株の性質と小苗の性質が同じ（クローン）になる（＝同じ性質を持ったイチゴを増やして収穫することができる）という点が大きな特徴だが、その一方で子苗を得るための苗床や育苗にかける時間と手間が必要になる。

また、クローンであるがゆえに、親株がウイルス病や萎黄病などに感染していると、ランナーを通じて子苗にも伝染する。初めてイチゴを栽培する際は、園芸店や種苗店などでウイルスフリーの苗を購入して植え付けるのがよい。

育苗のコツ②苗づくりの方法を知る

ウイルスフリー苗では2年目以降の生育がよく、よい果実をつけた株を選んで親株とし、伸びてくるランナーが混み合わないよう誘引、配置する。1節目の子苗は老化苗になりやすくウイルス病などの病害の危険性もあるので使うのは避け、2節目以降を苗床またはポット苗で育てる。

苗床で育てる場合は、苗を2回移植する（1回目は条間10㎝、株間10㎝で親株のランナーから切り離し植え付け、2回目は株間を広げるため約1カ月後に条間15㎝、株間15㎝で移植して成苗まで生育する）。ポットで育てる場合は、植え込んで株が浮き上がらないようにランナーを曲げた針金などで固定し、20日ほどで根が活着したらランナーを切り離す。

イチゴは暑さと病気に弱く、高温期は炭そ病や萎黄病が多いので、殺菌剤を定期的に散布する必要がある。何年も続けて同じ親株で苗づくりを行うとウイルス病などにより生育が悪くなってくるため、2～3年を目安に親株を更新しよう。

開発が進む〝種子繁殖型〟イチゴ

イチゴには種子を発芽させて苗をつくる方法もあるが、さまざまな性質を持った株が育つ（親と同じ性質のイチゴが収穫できない）ため、この方法は新しい品種をつくり出す目的に利用されてきた。ただ、種子繁殖にはウイルス病などが次代に伝染しない、育苗が簡易化できる、などの利点があるため、近年は種子繁殖型のイチゴの品種も開発され始めている。

イチゴ苗の定植のポイント

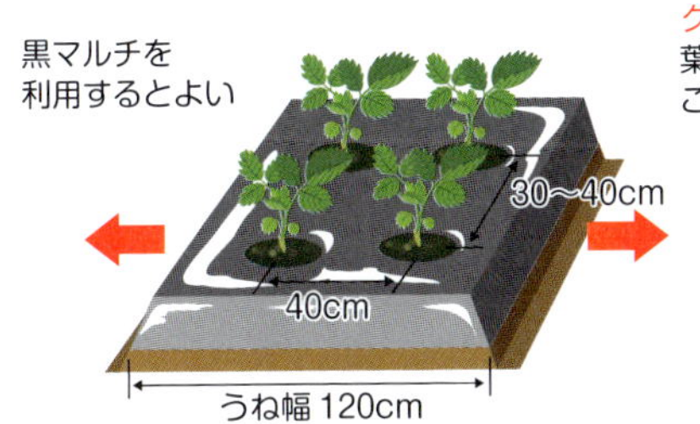

黒マルチを
利用するとよい

通路側に花房が出るよう
同じ向きで定植する

クラウン
葉が出てくる成長点。
ここを埋めないよう注意

ランナーのあと

ランナーあとの反対側（クラウンが傾いている方向）に花が咲き、果実がなります

イチゴの苗づくり（5〜9月）

苗床育苗

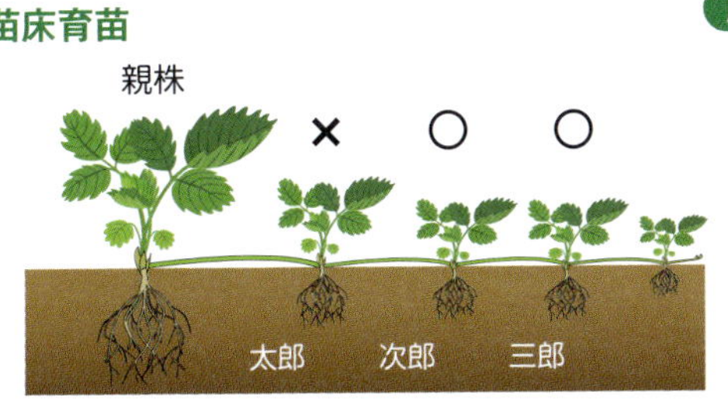

果実をとり終わった
健全な株を親にする

成苗

親株側はランナーを
2㎝ほど残して切り、
もう一方は短く切る。
短く切った方向に花
房が出る

ポット育苗

果菜類の育苗④その他の果菜類

マメ科野菜の育苗

●エンドウ

エンドウの発芽適温は15～20℃で、適温下であれば5日程度で発芽する（低温の適応性が高く、4℃以上で発芽が始まり、10℃程度の低温でも発芽日数が長くなるが発芽率は比較的高い）。また、本葉2～3枚ごろの幼苗時がもっとも耐寒性が強く、マイナス7℃ぐらいの低温に耐えることができる。逆に、生育が進みすぎると越冬時に寒害を受けやすくなるので、耐寒性の強い幼苗で冬を越すことを考えると、一般地の露地栽培では10月中旬～11月中旬がタネまきの目安となる。

大きくなってから定植すると活着が悪くなるため、育苗日数約30日、本葉3～4枚ぐらいになったら根鉢を崩さないように定植しよう。

●インゲンマメ

エンドウとは異なり、発芽適温23～25℃と発芽するまではやや高めの温度管理が必要となる。タネまき時期の目安は一般地で5月上旬ごろ。発芽後は温度を下げ、最低気温が10℃以上になったころに根鉢を崩さないように定植する。育苗日数は約20日、本葉1～2枚が定植適期だ。

●オクラ（アオイ科野菜）の育苗

アフリカ原産のオクラは発芽に比較的高温が必要で、適温である25～30℃であれば3～5日で発芽するが（発芽率85％以上）、地温が低いと発芽不良を引き起こしやすく（10℃以下になるとほとんど発芽しない）、初期生育が遅くなり苗立枯病の被害も増える。そのため、育苗には温度を確保できる場所が必要となる。

タネまき時期の目安は一般地で4月下旬～5月上旬ごろ。発芽後は温度を下げ、最低気温が15℃以上になったころに根鉢を崩さないように定植する。育苗日数は15～20日、本葉2～3枚が定植適期である。

マメ科のマメ知識

マメ科のタネを水に浸してから播種すると、急激な吸収によって種皮が破れて発芽を損ねることがある。特にインゲンマメは、タネを水に浸すと子葉と胚軸に割れ目が生じる（割れ目はよく乾燥したタネほど発生率が高く、しかも、割れ目が大きいため発芽の妨げになる）。長時間水に浸すことによって水中での酸素欠乏が起こり、発芽障害を引き起こすこともあるので、水に浸してからまくのは好ましくない。

一方、オクラは種皮が硬く給水に時間がかかるため、播種の前日から一晩ぬるま湯に浸しておくと発芽が揃う。

マメ科（エンドウ＆インゲンマメ）の育苗方法

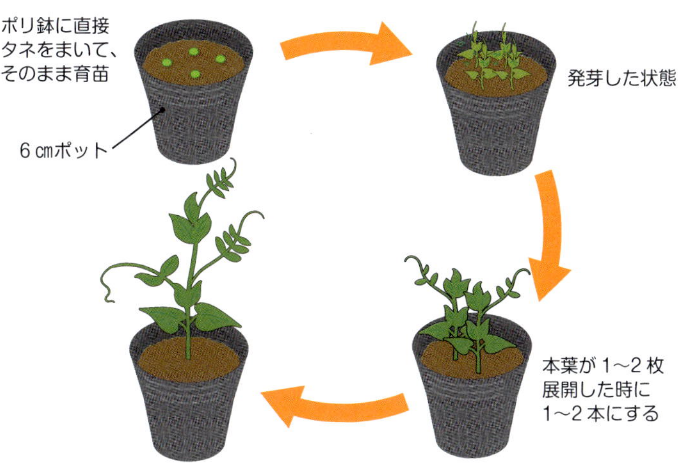

エンドウ：育苗日数は約 30 日、本葉 3 ～ 4 枚が定植時期
インゲンマメ：育苗日数は約 20 日、本葉 1 ～ 2 枚が定植時期

オクラの育苗方法

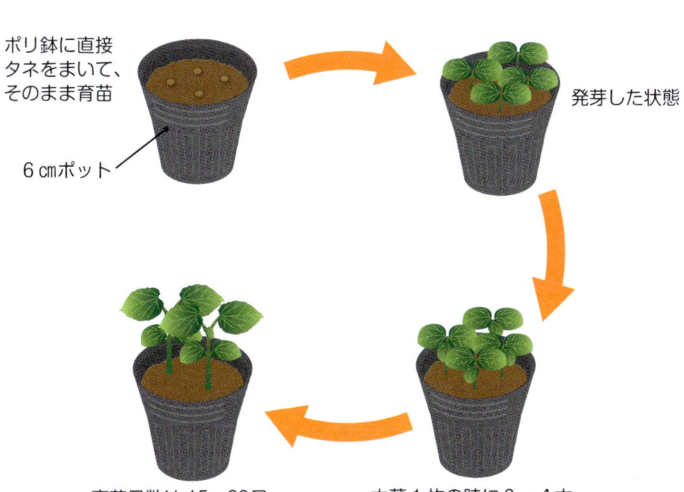

育苗日数は 15～20日、
本葉 2～3 枚が定植時期

本葉 1 枚の時に 3 ～ 4 本。
1 カ所 3 ～ 4 本立ちにすると良い

葉菜類の育苗①アブラナ科野菜

育苗のコツ①適期と適温を知る

アブラナ科野菜のキャベツやハクサイ、ブロッコリーは、秋から冬に収穫する夏まき栽培が一般的である（春まき栽培もあるが、低温期にタネまきをするとトウ立ちしやすく、収穫できないことがあるため、夏まき秋冬どりが気象条件的にもっともつくりやすい）。

具体的なタネまきの時期（中間地の場合）としては、キャベツは7月中下旬～8月上中旬ごろ、ハクサイは8月中旬～9月中旬ごろ、ブロッコリーは7月中下旬～8月中旬ごろが目安となる。

発芽適温は、キャベツが15～25℃、ハクサイとブロッコリーは20～25℃。なお、キャベツは30℃以上では発芽不良や不揃いになりやすいので、夏まきの場合は遮熱資材などを利用してあまり高温にならないように注意したい。

育苗のコツ②害虫を防ぐ

アブラナ科の野菜には、チョウ目の害虫やアブラムシ類をはじめとした害虫がつきやすい性質がある。そのため、育苗中は苗床やトレイの上に播種直後から防虫ネットや寒冷紗をかけて管理する必要がある。こうすることで、害虫の飛来を抑制することができるだけでなく、それに伴う病害も減らす効果があるので、殺虫剤や殺菌剤の使用の減少にもつなげることができる。ただ、防虫ネットや寒冷紗の下に隙間があると害虫が侵入しやすくなってしまうので、しっかりと四方を土などで押さえておこう。

育苗のコツ③軟弱徒長を防ぐ

夏まき栽培の育苗においては、適切な水やりをして苗のしおれを防ぐことが大切だ。セルトレイ育苗の場合には潅水はできるだけ午前中に行い、日暮れの頃にはセルトレイがやや乾く程度に管理する（セルトレイの土は乾きやすいので夏場は毎日潅水が必要。特にセルトレイの縁は乾きやすいので注意）。ハウスなどの施設内で、ベンチの上において（セルトレイの下に空間をつくって）育苗するとよいだろう。また、育苗期間の後半（播種後14日～20日目以降）はできれば屋外で育苗し、風や夜露に当てて苗をしめる。

そしてもうひとつのポイントが、苗が徒長しないよう過湿を避け遅れず間引きすること。発芽後は密生部を間引き、本葉2枚のころ1本仕立てにして、セルトレイ育苗の場合はハクサイは本葉4～5枚、キャベツとブロッコリーは本葉3～4枚の苗で定植しよう。

アブラナ科の育苗方法（キャベツの例）

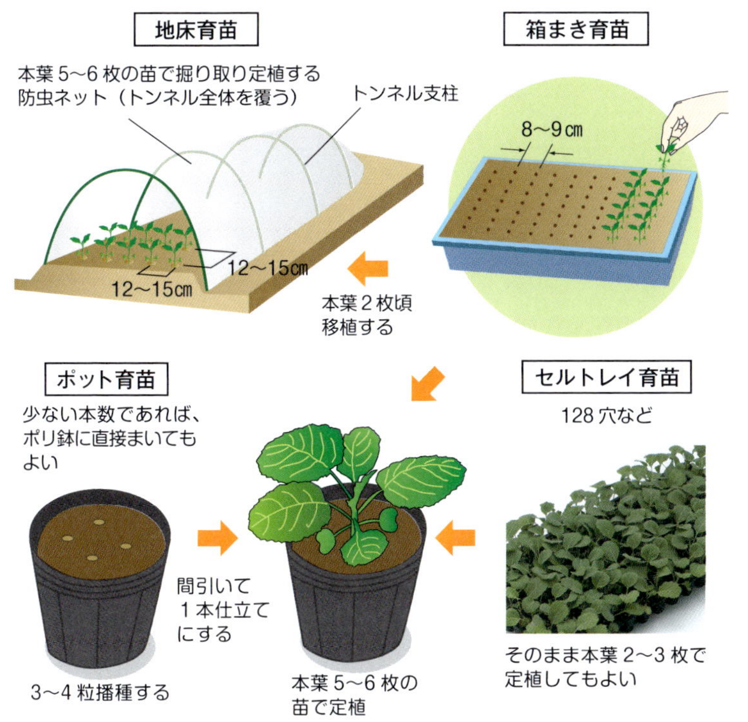

育苗中の害虫防除法

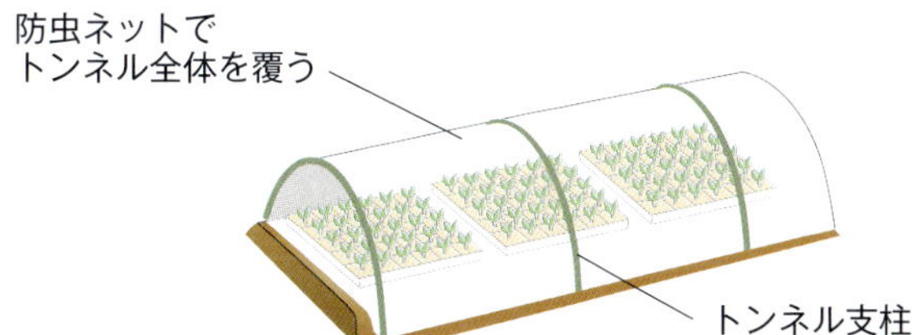

※下に隙間があると、害虫が侵入しやすくなるので、
しっかりと四方を土などで押さえておく

葉菜類の育苗②ユリ科野菜

育苗のコツ①ネギ（根深ネギ）編

ネギの育苗においては「いかに揃いのよい苗ができるか？」がポイントであり、そのためには発芽しやすい条件をつくることが重要である。根深ネギのタネは春まき（3月下旬～4月上旬）と秋まき（9月～10月）があるが、大苗で越冬するとトウ立ちするため、一般的には春まきがおすすめだ。

発芽適温は15～25℃で、高温（30℃以上）だと発芽不良になりやすい。潅水は均一に行い、発芽後は本葉1・5枚目までは適湿を保つように心掛ける（セルトレイやチェーンポットでの育苗の場合、培土が乾燥しやすいのでこまめな潅水が必要）。なお、培土の種類によって保水力が異なるため、市販されているネギ専用の培土を利用するのもよいだろう。

しっかりとした苗を育てるために、本葉2枚目以降は苗を徒長させないように注意し、潅水はやや控えめにする（ハウスでの育苗の場合は換気に努め、徒長しないようにする）。そして、葉先が垂れるようになったら、12～15㎝程度の草丈に剪葉。これを3回程度繰り返すことで、太くて丈夫な苗づくりが可能となる。

育苗のコツ②ニラ編

ニラはあちこちで雑草化していることからもわかるように、ユリ科野菜のなかでも丈夫で育てやすい。タネまきの適期は3～4月（春まき）で、発芽適温は17～22℃と比較的冷涼を好む。なお、タネはまく前に一晩、水に浸けておくとよい。

発芽後は、草丈が5～6㎝に成長したら間引いて7本立てにする。水は乾いたらたっぷりと施し、追肥は2週間に1回、化学肥料をポットへ置く。育苗日数は80～90日、葉数4～5枚、草丈が20～25㎝程度になるまで育てよう。

育苗のコツ③アスパラガス編

アスパラガスは野菜のなかでも珍しい多年草で、ひとつの株で10年以上も収穫ができる。タネまきの適期は冷涼地なら3月中旬～4月中旬、暖地なら2月上旬～3月上旬で、発芽適温は25～30℃（発芽まで15～20日程度かかるが、この時の温度は30℃以上にならないよう注意）。なお、タネはまく前にぬるま湯に2日ほど浸けておくと発芽しやすくなる。

タネはポットに2～3粒まいて、たっぷり水やりし、乾燥を防ぐため新聞紙をかける。発芽後は新聞紙を除き、草丈4～5㎝くらいのときに草勢が強い1本を残すよう間引く。育苗中は水やりをこまめに行い、本葉3～4枚、草丈15㎝程度の大きさになれば定植適期である。

根深ネギの作型

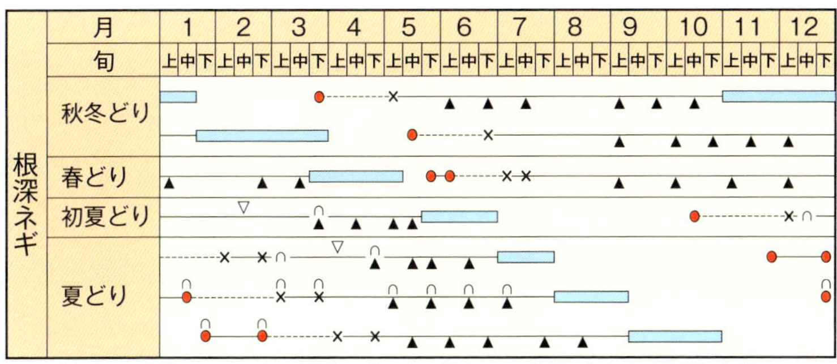

●:播種　×:定植　∩:トンネル被覆　▽:トンネル換気　▲:追肥、土寄せ　▭:収穫

ニラの育苗方法

葉菜類の育苗③キク科野菜

育苗のコツ①タネの性質を知る

キク科野菜であるレタスとシュンギクは、タネまき時期や発芽適温が比較的共通している。

レタスのタネまき時期は、春まきが2月下旬〜3月、夏まきが8月中旬〜9月上旬、発芽適温は18〜20℃であるのに対し、シュンギクのタネまき時期は春まきが3月下旬〜5月中旬、夏まきが9月中旬〜10月上旬、発芽適温は15〜20℃。

なお、タネの性質に〝ひとクセ〟ある、という点でも、レタスとシュンギクは共通している。レタスの種子は、25℃以上になると休眠して発芽しなくなる。一方、シュンギクの種子は他の野菜に比べて発芽率が低く、発芽適温下でも発芽率は50％に満たないうえに、35℃以上の高温や10℃以下の低温では発芽率が著しく低下する。

そのため、レタスとシュンギクの育苗においては、いかにスムーズに発芽させられるか、が重要なポイントとなる。

育苗のコツ②ひと手間プラスで発芽を促進

レタスは、高温時には種子を吸水させ、冷蔵庫内で催芽させたうえで播種するとよい。発芽に際しては好光条件を好むため、覆土は乾燥しない程度にごく薄くし、発芽するまで乾かさないようにすることが大切である。

また、夏まきの場合は、播種後2日程度はトレイを軒下などの涼しい場所に置いたり、遮光資材で直射日光をさけるといった配慮も必要だ（播種を夕方に行うのも効果的）。

シュンギクの発芽をスムーズにするうえでは、乾燥しないようたっぷり灌水してからタネをまくのが有効である。シュンギクの種子は硬く吸水しにくい性質を持っているが、一昼夜水に浸すと水がまっ茶色になり、発芽抑制物質が除去され発芽がよくなる。種子の発芽はやや好光性があるので、播種後の覆土は薄めとする。春まきはべたがけ資材を被覆して保温し、夏まきは遮光・遮熱資材を利用して高温と乾燥を防ぎ、発芽を向上させよう。

なお、播種後に強い雨にたたかれて表土が固くなると、酸素不足や光不足で発芽率が非常に悪くなるので注意が必要だ。

レタスは水分管理、シュンギクは害虫防止を徹底

レタスの健苗育成のポイントは水分管理にある。軟弱徒長させないためにも「夕方には培土表面が乾く」程度に灌水を行うのが大切だ。また、余分な水分を早く排水できるよう、トレイは地面から浮かせて置くとよい。

シュンギクは播種直後に、害虫を防止するために防虫ネットをトンネル全体に覆うとよい。

発芽をスムーズに

レタスの種子は、吸水させ冷蔵庫で催芽

シュンギクの種子は、一昼夜水に浸してたっぷり灌水

レタスの水分管理法（トレイ育苗）

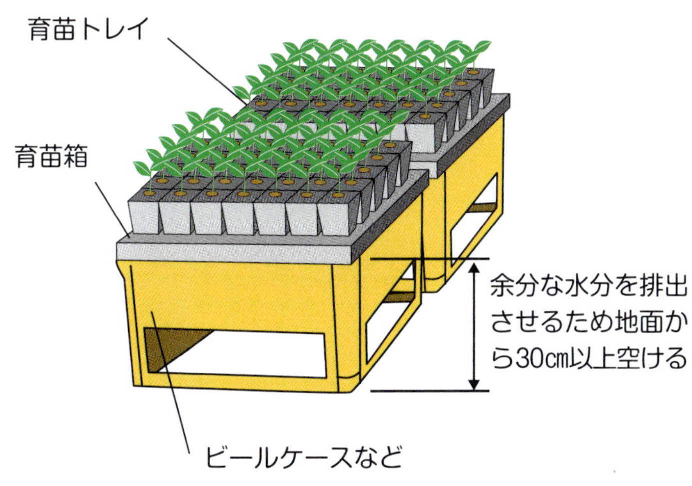

葉菜類の育苗④その他の葉菜類

セルリー（セリ科）の育苗

古代ギリシャ時代から重宝されていたといわれるセルリー。比較的育苗期間の長い野菜で、タネまき時期は中間地で5月中旬～6月下旬、15℃～20℃が発芽適温である。

適温下では7～12日で発芽するが、15℃以下になると発芽に日数がかかる（25℃以上になると発芽が急激に悪くなり、30℃以上ではほとんど発芽しない）。種子が隠れる程度に覆土し、乾燥を防ぐため濡れた新聞などで覆うのが発芽のポイントだ（発芽したら被覆資材を早めに取り除く）。

育苗中は、降雨などによって土壌水分が多くなると苗立枯病が多発するので、ハウスなどの施設内で育苗するのがよい。また、セルリーは初期生育が遅いため、育苗中は十分な手入れをして大苗に育て上げ、畑に定植する。育苗の段階で生育のよいものを選んで鉢上げ移植し、こまめな管理をして本葉7～8枚の大苗になるまで育てよう。

シソ（シソ科）の育苗

シソは春（4月中旬～下旬ごろ）にタネをまいて適宜収穫して、秋に花が咲いてタネを着け、冬前に寒さで枯れる「春まき一年草」として扱うのが一般的である。

発芽適温は20～25℃で、適温下では1週間～10日で発芽する。タネは固くて水を吸いにくいため、播種前に一昼夜水に浸して発芽を揃いやすくしたうえで、用土を入れた連結ポットなどに5～6粒ずつまくのがよい。なお、シソは好光性なので、覆土は薄くする。

発芽後は込み合ったところを間引き、本葉が2枚のころまでに一本立ちにする。本葉が4～6枚になったころが定植適期である。

ちなみに、自然な交雑によるこぼれタネが翌年よく発芽するが、香りのよい葉を収穫するためには毎年新しいタネをまき直すのが賢明だ。また、シソのタネには休眠期間があり、完熟後6カ月は眠っている（発芽しない）ので、秋に自家採集したタネを翌春まく場合は注意が必要となる。

ハーブはタネから育てよう

セリ科やシソ科には、オレガノ、セージ、タイム、ミント、ローズマリー、コリアンダー、パセリなど、薬味や彩りに重宝する食用のハーブがさまざまある。ハーブは、タネから育てると育苗から定植まで環境をあまり変えずに管理できるため、生育がよくなる。

ぜひ、タネから育てて、自分らしいハーブをたくさん食卓に並べよう。

セルリーの育苗方法

ポット育苗

少ない本数であればポリ鉢に直接まいてもよいでしょう

トレイ育苗

箱まき育苗

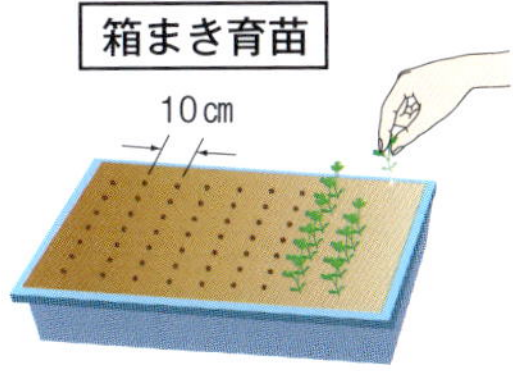

1回目は発芽揃い時に混んでいるところを間引き、2回目は本葉2枚時に1～1.5㎝間隔に間引きします

発芽のポイント

種子がかくれる程度に覆土し、乾燥を防ぐため、ぬれ新聞紙などで覆います。発芽日数は10日程度で、発芽したら被覆資材は早めに取り除きます。育苗中、降雨などにより土壌水分が多くなると苗立枯病の発生が多発するので、ハウスなどの施設内で育苗するとよいでしょう。

マイハーブのススメ

タネから育てたハーブは、庭の環境になじんでよく育つ

セル育苗

セル育苗の特徴

セル育苗とは、セルトレイ（小型の育苗鉢が相互に連結した容器）に専用の用土を入れてタネをまき、苗づくりを行うことで、近年では生産現場に広く普及している。

セル育苗のメリットとしては、次のようなものがある。

①従来のポリポットよりも育苗面積が小さくてすみ、大量に均一な苗が生産できる。

②根鉢が形成されており、移植しやすい。

③苗が小さく持ち運びが容易で、輸送性にすぐれる。

また、レタスやキャベツ、ネギなどの葉菜類では、セルトレイから苗を抜き取って移植するまでの作業を自動で行うことができる専用の移植機なども開発され、生産現場の省力化に大きく貢献している。

セル育苗の方法

セルトレイには規格があり、タテ約27㎝、ヨコ約58㎝1枚あたりのポット穴数には72穴、128穴、200穴、288穴、400穴などがある。穴数が多いほど1穴当たりの容積が小さく、穴数が少ないほど1穴あたりの容積は大きい。野菜の種類や育苗期間などによって使い分ける必要がある。

たとえば、キャベツやハクサイ、ブロッコリーであれば、128穴や200穴のトレイが適している。チンゲンサイやネギなどであれば、288穴や400穴のトレイが適する。

なお、用土は、保水性と排水性がよく、作業の効率化のためには軽いものが望ましい。

育苗は、雨がセルトレイに直接かからないようにし、日当たりのよい場所で行う。地面に直接トレイを置くと病害が発生することがあるので、コンテナなどで地面から浮かすように工夫しよう。播種後2～3週目ころ、培養土の肥料がなくなることがあるので500倍程度の液肥を施用し、根鉢が崩れずに苗を引き抜けるようになれば移植が可能である。

野菜と自分に見合った育苗を

セル育苗には、①1セルあたりの床土が少ないため苗が老化しやすく、植え付け適期の幅がせまい、②密植状態で育成されるため、苗が軟弱になったり徒長したりしやすい、といったデメリットもある。また、キャベツやブロッコリーなどでは、従来の地床苗に比べて植え付け時の苗の大きさがかなり小さくなることから、同じ日の定植では収穫日が遅れることも知られている。

野菜の種類やタネまき量、労力などに応じて、最適な育苗方法を選択することが大切である。

セルトレイは「使い分け」を

セルトレイは穴数が異なる他、発泡スチロール製のものとプラスチック製のものがある。（写真はプラスチック製）

生産現場の省力化に貢献

全自動植移植機による植え付けの様子（左）と、半自動移植機による植え付けの様子（右）

写真提供：井関農機株式会社

接ぎ木の目的

接ぎ木とは？

「接ぎ木」とは、植物の一部を切り離して別の植物とつなぎ合わせる技術のことで（地下部の根に用いる植物を「台木」、地上部の茎葉に用いる植物を「穂木」という）、果菜類ではキュウリ、スイカ、メロンなどのウリ類やナス、トマト、ピーマン（一部）で接ぎ木苗を利用した栽培が行われている。

接ぎ木の目的とメリット

接ぎ木のおもな目的は土壌伝染性病害の発生回避と草勢の維持・制御だが、具体的なメリットとして次のようなものが挙げられる。

①**耐病性**…青枯病やいちょう病、つる割れ病など土壌から伝染する病気に耐性を持つ台木に穂木をつなぐことで、病気が発生しにくくなる。

②**連作障害防止**…自根苗の場合、トマトやナス、スイカなどは一度栽培すると4～5年ほど栽培期間をあける必要があるが、連作障害に耐性のある台木に穂木をつなぐことで、短い期間での作付けが可能になる。

③**草勢の維持**…果菜類は収穫期間が長期にわたるため、生育後期に草勢が衰えることがあるが、草勢の強い台木に穂木をつなぐことで、草勢が維持される。

④**低温伸長性**…春植えの定植直後や秋植えの場合、地温が低いために生育が遅れることがあるが、低温伸長性の台木に穂木をつなぐことで、地温が低いときでも植物が生育しやすくなる。

なお、接ぎ木によって主要病害虫の被害は回避されるが、すべての病害虫に抵抗性を示す台木の種類・品種はないため、接ぎ木苗を利用すれば完全に土壌伝染性病害虫を回避できるわけではない。

高度な技術と知識の〝賜物〟

接ぎ木には、作業そのものに高い技術が必要であるとともに、穂木と台木の組み合わせ方にも専門的な知識が必要となる。接ぎ木は同じ種類の野菜の間で行われる場合と異なる種類の野菜の間で行われる場合とがあるが、たとえば、台木と穂木が異なる科（ナス科の台木にウリ科の穂木など）では接ぎ木しても拒絶反応を起こして活着しない。また、同じ科同士の組み合わせであっても、活着後の生育が正常に進まず収量や品質に大きな影響が現れることがある。

高度な技術と知識があって初めて、接ぎ木による高い付加価値が生まれる。園芸店やホームセンターなどで接ぎ木苗が自根苗よりも高値で売られているのは、そのためである。

接ぎ木苗の仕組み

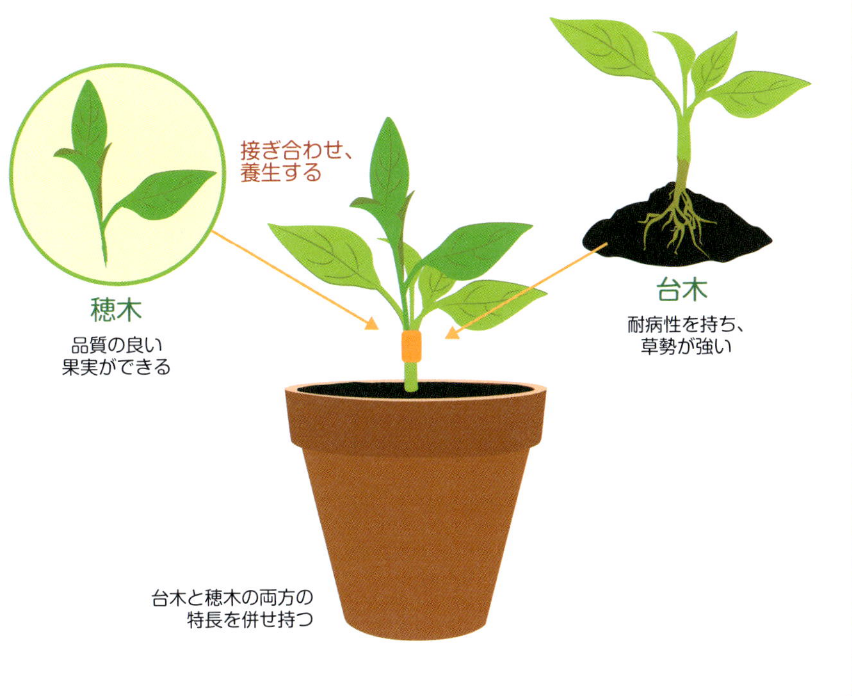

野菜の接ぎ木に用いられる穂木と台木の組み合わせ例

穂木	台木
スイカ	ユウガオ、カボチャ
キュウリ	カボチャ
ナス	赤ナス
トマト・メロン	共台（共台とは同じ作物の中で耐病性などの優れた品種を指す）

接ぎ木の具体的な方法

さまざまな接ぎ木手法

ひと口に「接ぎ木」と言ってもその接ぎ方はさまざまで、おもな手法には次のようなものがある。

【挿し接ぎ】　台木の本葉を除去した後の切断部に穴を開け、先端をくさび状に削った穂木を挿す方法。

【割り接ぎ】　台木の茎を水平に切断し、その切断面に縦の切れ込みを入れて穂木を挿す方法。

【呼び接ぎ】　穂木を母樹から切り離さず、ともに根のある状態の穂木と台木それぞれの茎の一部を削り、その削傷面を密着させて結合する方法（活着後に穂木の根を切り離す）。

【斜め接ぎ（腹接ぎ）】　台木の茎の側面に斜めに切れ込みを入れ、穂木を挿し入れる方法。

一般的に、ナスでは「挿し接ぎ法」、トマトでは「割り接ぎ法」や「呼び接ぎ法」、キュウリやスイカでは「割り接ぎ法」や「呼び接ぎ法」が行われている。

接ぎ木は家庭でもできる?

接ぎ木は、作業そのものもさることながら、接ぎ木後の養生が成否を左右する最重要ポイントとなる。アマチュアでは設備面でもこの養生がネックになるため、ハードルが高い。

家庭菜園では、店頭での接ぎ木苗購入が無難だろう。

ただ、それでも接ぎ木をしてみたいという場合は、作業がしやすく、失敗がほとんどない「呼び接ぎ」を行うのがよい。

左頁の図にトマトとキュウリの呼び接ぎの方法を示しているので、図にそって手早く作業をしよう。

接ぎ木をする際のポイント

接ぎ木をする際は、以下の点に気をつけるとよい。

①日陰で風があたらない場所で行う。
②よく切れる新品の安全カミソリを使う。
③作業は穂木の方から始める。
④穂木の調製が終わったら、切り口を口に含んで乾かさないようにする（この際唾液で濡らさないように）。
⑤接ぎ木が終わった苗は、すぐに鉢上げせず、苗を横に寝かせて湿ったタオルで覆う。しばらくすると切り口の樹液が固まるので、それから鉢上げした方がよい。
⑥接ぎ木部を水で濡らさないように灌水する。
⑦活着するまで、日陰でトンネルをかけ、白寒冷紗などで遮光し、活着したら時々日光にあてて慣らす。もし途中でしおれるようなら、霧吹きで軽く葉を湿らせておくとよい。

接ぎ木苗のつくり方

トマトの呼び継ぎの作業手順

呼び継ぎの作業手順

穂木播種 → 18〜20日 → 移植 → 3〜4 葉期 → 接ぎ木・鉢上げ → 10日 → 穂木切断 → 植え付け

台木播種（穂木播種の2〜3 日後）→ 移植 → 3〜4 葉期 → 接ぎ木・鉢上げ

台木の調整

上の方は邪魔になるので切り取っておく

台木に本葉3枚つけて茎を切断

2葉目の下から斜めに茎の半分くらい切り下げる

切り口側の子葉は切り取っておく

穂木の調整

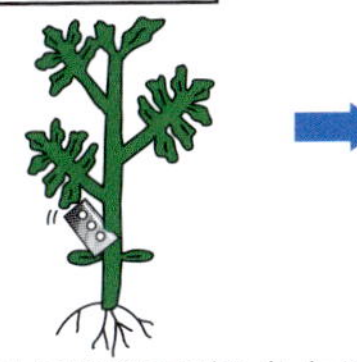

斜めに切り下げた台木の切り口と同じくらいの高さで、下から上へ半分くらい茎を切り上げる

切り口側の子葉は切り取っておく

互いの切り口をかみ合わせてとめておく

接ぎ木したらポットへ植え付けておく。水やりは接ぎ部を濡らさないように腰水で接ぎ木後 4〜5 日して穂木の茎を半分ほど切る。しおれなかったら全部切って穂木の根を抜き取る

キュウリの呼び継ぎの作業手順

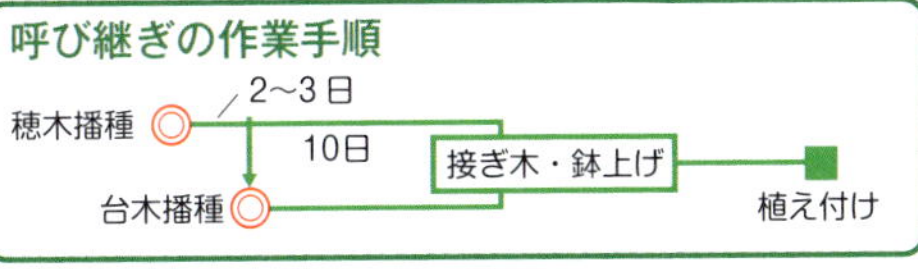

台木の調整

茎を上から下へ半分ほど切り下げる

切り口をかみ合わせる

クリップ状の接ぎ木器具でとめてポットへ植え付ける

台木の芽は摘み取る

接ぎ木後1週間ほどで活着するので、活着したかどうか調べるため穂木の茎を半分ほど切りしおれなければ全部切り取る

穂木の調整

茎を下から上へ半分ほど切り上げる
切る場所はできるだけ子葉に近いところ

上手な苗づくりのポイント

良い苗の条件を知ろう

苗を上手につくるためには、まず、良い苗の条件を知る必要がある。一般的には、①茎が太く葉はしっかりとした緑色をしている、②根は根量が多く、若すぎず老化していない、③病害虫の被害を受けていない、などの条件が揃っていれば良苗といえる。また、野菜の分類ごとの良い苗の条件としては、**果菜類**…適当な節位に充実した花芽が適当数確保されている。**葉菜類**…花芽ができておらず、老化や徒長をしていない。などが挙げられる。

このような苗を育てるには、①温度管理、②水管理、③光線管理を適切に行うことが重要である。

タネの性格に合った土を選ぼう

育苗に用いる土は作物の種類によっても適不適があるため、作物ごとのタネの性格を見極め、それに合った土を選ぶことが大切だ。具体例として、次のようなものがある。

ウリ科・ナス科・オクラなど…タネが比較的大きく硬い種皮に包まれているため、種皮をうまく脱ぎ捨てて発芽させるうえでの〝重し役〟となる粘土の混合比率を多くする。また、これらの作物は育苗期間が長いので、長期間安定して肥料と水分を保持するという点でも粘土分が多いほうがよい。

ハクサイなどのアブラナ科…アブラナ科の野菜のタネは通気性・保水性ともによくないと発芽率が低い。また、丸くて小さなタネは子葉を展開させるまでの養分しか持っていないため、定植苗になるまでの肥料分をそなえた土が必要になる。粘土・砂・有機物それぞれを等分に含んだ土を使うのがよい。

苗の容姿をよく観察しよう

育苗から収穫まで、農業は観察がきほんである。苗の形状や色などをよく観察していれば、苗の声にならないSOSをキャッチすることができる。

具体的な観察ポイントとしては、

葉色…色が薄いのは、光合成活性がおとろえている証。とくに下葉から全体が黄色くなる場合は、窒素が不足している。日照不足、高夜温、窒素過剰などが考えられる。

葉の大きさ・形…葉は大きいものの薄く垂れているときは、養水分の不足や低温などが原因であることが多い。葉が小さい場合は、窒素過剰などが考えられる。

節間長・葉柄長…節間と葉柄が長いときは、高夜温、日照不足、窒素過剰などが考えられる。逆に節間と葉柄が短い場合は、低夜温や水分不足によることが多い。

などが代表的だ。

良い苗とは？

良い苗＝強健な苗

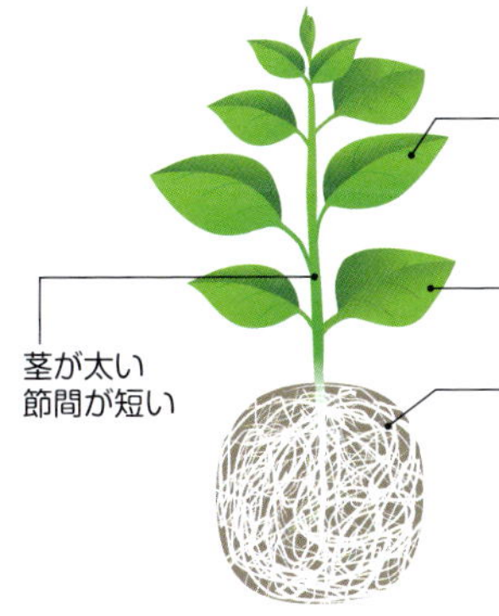

悪い苗

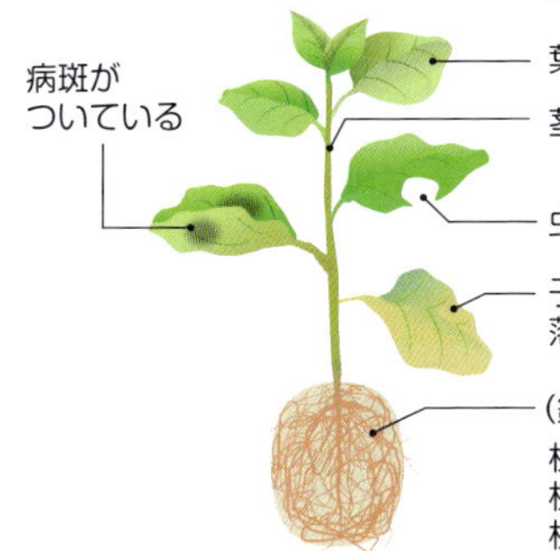

育苗用培養土の配合

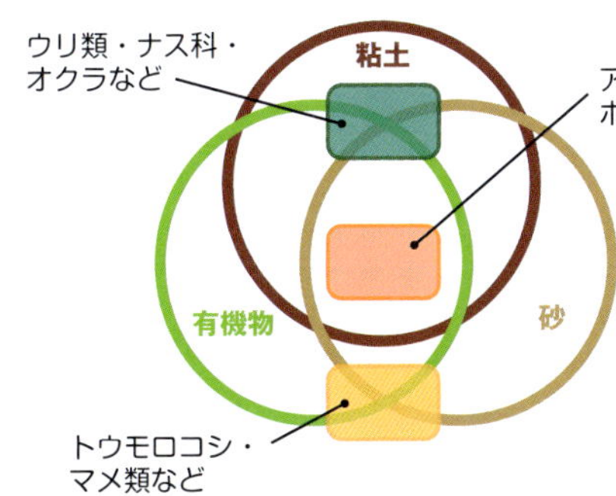

それぞれの特性

○粘土
保水性、保肥性、重い

○砂
通気性、排水性、重い

○有機物
通気性、保水性、軽い

閉鎖型苗生産システム

閉鎖型苗生産システムとは？

自家育苗を行わずに購入苗を用いるユーザーの増加に伴い、近年、家族経営農業を母体とした育苗業者やＪＡ系の育苗センター、さらに苗企業など、育苗を専門に行う業種がめざましい発展を遂げている。

そんななかでも特に注目を集めているのが、「閉鎖型苗生産システム（装置）」である。

閉鎖型苗生産システムは、ひと言で言えば〝苗生産に特化した植物工場〟で、すでに農業生産、育苗業、研究開発などの現場に導入が進んでいる。

閉鎖型苗生産システムのメリット

閉鎖型苗生産システムによる苗栽培には、①外気気象に影響されないため、気候変動や季節を問わず、いつでも、どんな場所でも苗を生産できる、②一定の大きさ・葉数の苗を短期間で生育できる、③害虫が付かないため農薬が不要、などのメリットがある。

そしてなにより、閉鎖型苗生産システムは、従来の育苗管理における農家の時間的・精神的負担の軽減に大きく貢献し得る。さらに、農家の高齢化や農業従事者の減少に伴う育苗技術者の減少、購入苗への農薬使用履歴表示の義務化、育苗段階での防除が重要とされるトマト黄化葉巻病への対策に伴う苗生産コスト増など、育苗業が抱える課題の解決という面でも期待が高まっている。

「競合」ではなく、「共存」

ただ、この章の冒頭で述べている通り、育苗と栽培の分業化には、苗生産者、販売業者、輸送業者、栽培農家がより密接な関係を構築できるような体制の整備・強化が求められる。また、閉鎖型苗生産システムであればたしかに苗づくりの環境をコントロールできるが、〝装置〟である以上、故障や異常によってそれを制御しているシステムそのものがコントロール不能に陥る可能性もないとは言えない。

紀元前から代々受け継がれてきた自家育苗の技術と、〝未来型の農業〟といわれるまったく新しい切り口の苗生産システム。両者はお互いの優劣を比較されることもあるが、大切なのは「どちらが良い悪い」ではなく、私たち、そして私たちの子孫たちが、これから先も安心して安全な野菜を入手できることにある。

そのためにも、農家における育苗技術の伝承も大切である。

注目技術「閉鎖型苗生産システム」

閉鎖型苗生産システムの技術を応用して開発された苗生産装置「苗テラス®」

苗テラスの外観

写真提供：三菱ケミカルアグリドリーム株式会社

進化する購入苗

●セル苗の“弱点”を克服した「スーパーセル苗」

セル成型苗には、育苗面積が小さくてすみ、大量に均一な苗が生産できるというメリットがある一方で、苗が軟弱になったり徒長したりしやすいというデメリットもある。そんな従来のセル苗の“弱点”を克服する技術が、徳島県や奈良県の農業試験場によって開発された。それが、「スーパーセル苗」である。

スーパーセル苗とは、ブロッコリーやキャベツなどのセル苗を通常の育苗（25〜30日程度）の２倍以上の期間、追肥をせずに水のみで維持した苗のことで、その最大の強みは、水だけを補給することで長時間ほぼ同じ草丈のまま保存ができることにある（水だけ補給していても日数が経過するうちに新葉がゆっくり展開するが、そのぶん下葉が落葉するため、すがたは長期間変わらない）。そのため、たとえ移植準備が遅れようと、いつでも定植が可能になる。

●“スーパー”たる所以とは？

スーパーセル苗は胚軸が硬く締まっているため、定植直後の乾燥や強風にも強く、立枯病などの病気にもかかりにくい。加えて、モンシロチョウやコナガといった害虫の被害も受けにくい。というのも、スーパーセル苗は色あせていて見た目が悪く（定植後は肥料を吸収して正常に生育するため最終的な収量や品質には影響しない）、通常の苗と同程度の緑色となるまでには定植してから約３週間の時間を要する（その分、収穫期は遅くなる）。ゆえに、この期間は、葉の緑色によって植物を見いだすモンシロチョウに“見つかりにくい”のだ。また、モンシロチョウは着葉後、アブラナ科特有のカラシ油などの揮発性物質により産卵行動が誘起されるが、スーパーセル苗のカラシ油類の揮発量は通常の苗の４分の１以下であることがわかっている。つまり、スーパーセル苗は見つかりにくいうえに、もし見つかっても産卵されにくいという、まさに“スーパー”な苗といえる。

スーパーセル苗

第6章 タネイモとは

ジャガイモ

ジャガイモの種類

ジャガイモの用途は、食用（青果）、加工食品用、デンプン原料用、飼料・種子用の4つに大別される。このうち、食用と加工食品用には多くの品種が存在する。食用の品種は、外観や肉質、食感、栄養成分に優れたものが、また、加工食品用は、還元糖の含有率などが優れた品種が育成されている。

食用として人気が高い品種は「男爵」「メークイン」「キタアカリ」など。加工食品用は「ワセシロ」「トヨシロ」などがあり、「紅丸」や「農林一号」はデンプン原料用に広く生産されている。

タネイモの選び方と切り方の工夫

ジャガイモは通常、タネをまかずにタネイモを植えて育てる。タネから育てると、収穫まで日数がかかり、芽かき作業に手間がかかるわりに収穫量が少ない。何より大切なことは病気にかかっていない健全なタネイモの確保である。またタネイモは、そのまま1個をまるごと定植するよりも、1個を芽の数を均等に揃えて数個に分割したほうが、品質が高く収穫量も多くなる特性がある。品種によって、タネイモの選び方や切断の仕方にコツがあるので、その例を紹介する。

ジャガイモの品種には、小さなイモが多くなりやすい「個数型」と、数は少ないが大きなイモがなりやすい「個重型」の2つのタイプがある。キタアカリなどの個数型の品種は、なるべく大きなタネイモを選び、小さく多数切りにし、植え付ける際は間隔をおいて疎植にすると、大きさが揃った形の良いイモが得られやすい。いっぽう、ワセシロなどの個重型の品種は、小さなタネイモを2つ切りにし、密植にして植え付けると、品質の良いイモが効率よく収穫できる。

植え付け前に「浴光育芽」で下準備

タネイモを切断する前に、まずやっておきたい準備がある。それは、定植する1カ月くらい前からタネイモをビニルハウスなどの雨の当たらない場所に広げて「浴光育芽」を行うことである。浴光育芽とは、タネイモをあらかじめ一定期間、強い光にさらしておき、温度を高めることによって芽の発生を促し、病気に強くデンプン質の多い良質のイモをつくる処理法である。暗緑色のしっかりした芽が5㎜から1㎝くらい均一に生育するまで浴光育芽を行うとよい。30℃以上の高温と直射日光は避ける。浴光育芽の最中に、芽の出方が悪いものをあらかじめ取り除いておけば、定植する前に品質の悪いタネイモを除外することができ、効果的である。

日本の主要品種とその特性

品種名	育成年次	面積[1]（%）	栽培地域	生育特性				塊茎品質特性				
				熟期	えき病[2]	休眠	その他	でんぷん価	肉色	食味	用途	その他
男爵[3]	―	32.8	全国	早生	弱	長		15	白	上	青果・加工	芽が深い
メークイン[4]	―	14.2	全国	中生	弱	中		15	白	上	青果	粘質
コナフブキ	1981	13.5	北海道	晩生	強	長	多収	22	白	中	デンプン	
トヨシロ	1976	9.4	全国	中生	強	長		14	白	上	加工	油加工適
紅丸	1938	6.8	北海道	晩生	弱	中	多収	15	白	中	デンプン	
ニシユタカ	1978	4.9	西南暖地	中晩生	弱	短	2期作向き	13	黄	中	青果	
農林１号	1943	4.4	全国	中晩生	弱	短	広域安全性	16	白	中上	青果・デンプン	
ワセシロ	1974	3.5	関東以北	早生	強	中	早期肥大性	15	白	上	青果	
デジマ	1971	3.0	西南暖地	中晩生	強	短	2期作向き	15	黄	上	青果	
ホッカイコガネ	1981	2.4	北海道	中晩生	強	中		16	黄	上	加工	長形、油加工適
キタアカリ	1987	0.7	関東以北	早生	強	中	センチュウ抵抗性	17	黄	上	青果	粉質、サラダ適

注（1）1998 年における全国の栽培面積での占有率。（2）抵抗性が強い品種は、発病時期がおそくなる。（3）育成地はアメリカ合衆国で Irish Cobbler が原名、1907 年ころに日本に導入された。（4）育成地はイギリスで May Queen が原名、1916 年ころまでに日本に導入された。

切り方と植え付けのコツ

ジャガイモのタネイモの切り方

ワセシロ、シンシア、とうやなど

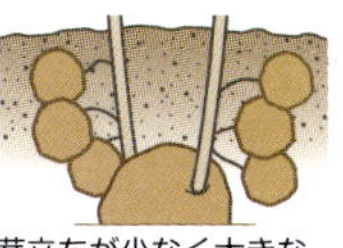

芽立ちが少なく大きなイモになりやすい個重型

キタアカリやベニアカリなど

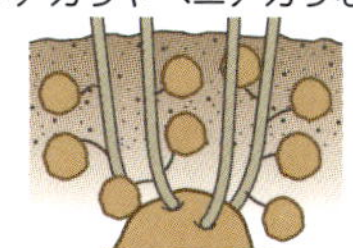

芽立ちが多くて小さなイモになりやすい個数型

＊十勝こがね、メークイン、男爵は中間タイプ

ジャガイモの畝と施肥

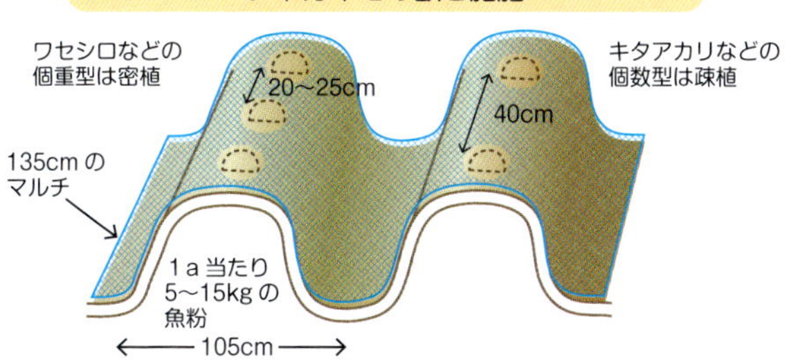

サツマイモ

サツマイモの種類

サツマイモは利用用途として、主に食用（青果）と加工食品用に大別され、それぞれに多くの品種がある。食用の代表格は、「ベニアズマ」、「高系14号」で、焼き芋や蒸し芋などに利用されている。また最近は、「鳴門金時」や「紅はるか」など、甘さや色を品種改良したものが人気を得ている。加工用としては「コガネセンガン」が広く栽培され、焼酎用として利用されている。

栽培は育苗から始める

サツマイモもジャガイモと同様、タネからではなく、タネイモから育てるが、ジャガイモとは異なり、タネイモを苗床に植え付けて（「伏せ込み」と呼ぶ）、苗を育てるところから栽培を始める。その後、適当な長さまで育った茎を切り取って採苗し、その茎を定植するのが一般的な栽培方法である。

育苗は温度管理が大切で、温度の確保にはさまざまな手段があり、電熱、発酵熱、日光などを利用する。サツマイモの発芽にはある程度高い温度が必要とされ、タネイモをおよそ30℃の温床に伏せ込むと、数日から1週間ぐらいで発芽する。伏せ込みする温床は、暖かい地域では「冷床育苗（積極的な加温は行わないで育苗する方法）」で育てるが、気温が低い地域では電熱を利用した「電熱温床苗床」を利用することもある。また、発酵熱を利用した「踏み込み温床」で温度を確保する方法もあり、ワラとモミガラと米ヌカを層にして積み込み、そこに水をかけながら足で踏み込んで温床をつくる。

苗の準備ができたら、次に植え付けである。苗の植え方にはさまざまな方法があり、「水平植え」、「斜め植え」、「直立植え」などが一般的である。その他「船底植え」、「つり針植え」などもあり、それぞれイモの付き方に特徴があるので、品種やその土地の土壌条件などを考慮して選択するとよい。

効率良く収穫するための工夫

形の良いイモを揃えるための植付け方法として注目されているのが、「若苗・摘心・しおれ定植」といわれる方法である。通常の定植では、芽が30センチ程度、葉が7～8枚ついたら茎を根から切り取って苗とするが、この方法は先端の新芽と1枚目の葉を摘心し、イモがつきやすい2～3節だけを残して、それ以外の節をすべて切り取り、その部分だけを使用する。そして定植する直前に日光にあてて、わざと苗を萎れさせておいてから苗を「水平植え」することにより、品質の悪いイモを最初から生育させずに除くことができる。

日本の主要品種とその特性

品種名	形状	皮色	肉色	食感
食用				
クイックスイート	紡錘形	赤紫	黄白	粘質
高系 14 号	長紡錘形	紅	黄白	やや粘質
紅赤	紡錘形	紫紅	黄	ホクホク質
ベニアズマ	長紡錘形	濃赤紫	黄	ホクホク質
ベニコマチ	長紡錘形	紫紅赤	黄	ホクホク質
春こがね	長紡錘形	濃赤紫	黄	粘質
べにまさり	紡錘形	赤	淡黄	粘質
アヤコマチ	紡錘形	赤	橙	やや粘質
パープルスイートロード	紡錘形	濃赤紫	紫	ややホクホク質
加工用				（用途）
コガネセンガン	大型、下膨紡錘形	黄白	黄白	デンプン、焼酎原料
すいおう	紡錘形	淡黄白	淡黄白	葉柄料理、イモ食用
オキコガネ	短紡錘形	淡黄褐	淡黄白	コロッケ、サラダ
エレガントサマー	紡錘形	赤	黄白	葉柄料理、イモ食用
タマユタカ	大型、短紡錘形	黄白	淡黄	干しイモ
ヘルシーレッド	紡錘形	濃赤紫	淡橙	干しイモ
ハマコマチ	短紡錘形	淡赤	橙	干しイモ
ジェイレッド	短紡錘形	淡赤	橙	ジュース
アヤムラサキ	長紡錘形	濃赤紫	紫	着色用、ジャム、みそ
ムラサキマサリ	紡錘形	濃赤紫	紫	着色用、ジャム、みそ

植え付け方法とイモの付き方

水平植え

改良水平植え

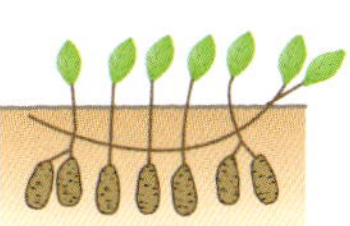
船底植え

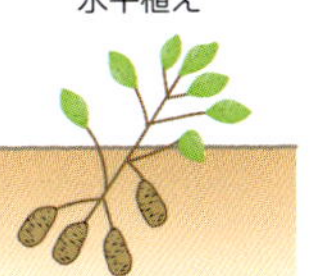
斜め植え

直立植え

つり針植え

サトイモ

サトイモの種類

サトイモの品種は、食べる部分の違いなどから大きく4つに大別される。主に子イモや孫イモを利用する「子イモ用品種」と親イモを利用する「親イモ用品種」、および「親子イモ兼用品種」、「葉柄用品種」である。また、それぞれの品種において早晩生の違いから「早生種」、「中生種」、「晩生種」に分けられる。日本のような温帯地方では子イモ用品種がよく育ち、亜熱帯・熱帯地方では親イモ用品種が主流となる。

良品多収のコツは「日当たり」と「水」

サトイモは、サツマイモと同じように根の一部が肥大化した作物のように見えるが、実は茎が成長したもの（「地下茎」と呼ぶ）である。一般的にひとつのタネイモから、中央に親イモが、その周囲に子イモが、そしてさらに孫イモ、ひ孫イモが次々と増える。スーパーなどでよく見かけるサトイモは、主に子イモと孫イモである。

サトイモはジャガイモと違って乾燥に弱い作物である。そのため、サトイモを栽培する人は、畑の隅っこの日当たりの良くない、じめじめした場所を好んで栽培したがる傾向にあるが、これは大きな間違いである。たしかに地下茎は日に当たることを嫌うが、サトイモが旺盛に育てば、地下部は大きな葉に隠れて必然的に日陰になり、そのため雑草も生えづらくなり、サトイモにとって生育しやすい環境となる。サトイモは、日当たりをよくするために疎植にし、水を多く与えて育てることが良品多収のコツである。

「逆さ植え」＋「疎植」で収量倍増

サトイモ栽培の良品多収の工夫のひとつとして、「逆さ植え」による栽培方法が知られている。サトイモは通常、タネイモの芽の部分を上向きにして植え付けるが、逆さ植えでは芽を下側に向ける。そうすることで、タネイモから上方に向かって生育する親イモ、子イモ、孫イモがより深い位置をとることになるため、タネイモを深植えしたことと同じ効果が期待できる。

地上にイモが露出しづらいので、土寄せの量と回数が抑えられ、またイモの日焼け防止にもなり、とても理にかなった手法といえる。ただし、発芽までの時間が長くなることは避けられない。イモが生育する土中のスペースが増える分、多収が期待できるが、それを見越して、植え付け時には株間と畝間を十分にあけて疎植にするとよい。

日本の主要品種とその特性

用途	品種（特徴など）
子イモ用品種	石川早生（早生、早堀り用）、土垂（やや晩生、多収で良味）、えぐ芋（晩生、寒さに強く、イモ多数）、蓮葉芋（やや早生、イモ大、乾燥を嫌う、溝芋（やや晩生、水イモになる。寒さに弱いが、湛水でも育つ）
親イモ用品種	筍芋（晩生、寒さに弱い、イモは細長い）、びんろうしん（晩生、寒さに極弱い）
親子イモ兼用品種	唐芋（中生、葉柄も食用にできる*、エビイモになる）、八つ頭（中生、葉柄も食用にできる*）、赤芽（中生、寒さに弱い）、しょうがいも（中生、イモがショウガ状）
葉柄用品種	みがしき（晩生、イモはあまり肥大しない）

＊「赤ずいき」ともいわれるその葉柄は、お盆、秋祭り、法事、その他で食用にされる

サトイモの植え方

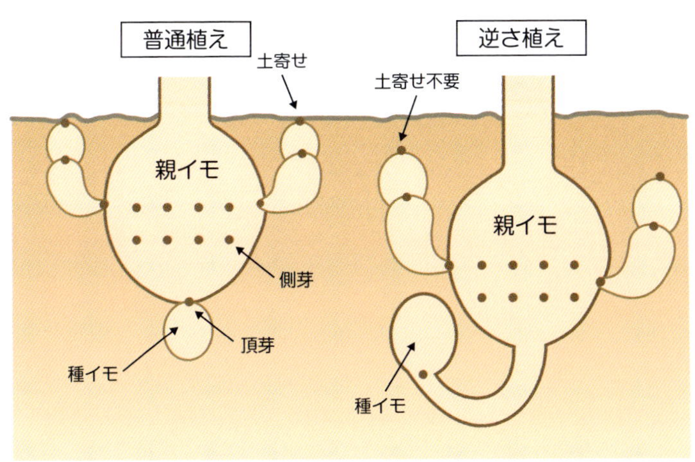

ヤマイモ(ナガイモ)

「ヤマイモ」の種類

山芋はヤマノイモ科に属するが、一般的にヤマノイモと呼ばれるものには主に「ヤマイモ」、「ジネンジョ」、「ダイショ」の3種類がある。分類学的にはそれぞれ別の種類（群）に属し、原産地も違うが、一般的にはこれらすべてを総称して「山芋（ヤマイモ）」といわれている。

これらのうち、もっとも広く栽培されているのがヤマイモで、このヤマイモも大きく分けて「ナガイモ」、「イチョウイモ」、「ツクネイモ」の3種類があり、それぞれ形状と特徴は異なるが、同じ品種でも地方によって呼び名が違うこともあり、混同しやすい。ここでは、スーパーなどでよく見かけるもっとも一般的なヤマノイモである「ナガイモ」について述べる。

「切り種」と「一本種」の違い

栽培方法は一般的にタネイモを植え付けるが、タネイモには主に2種類あり、地中にできる成イモを分割して栽培する「切り種」と、地上部の茎にできるムカゴを育ててタネイモにする「一本種」がある。一本種は、最初の年はタネイモの養成期間となり、1～2年かけて子イモに成長させてからタネイモとして利用する。切り種より栽培に時間がかかるが、ムカゴには頂芽がついているため、発芽率は切り種より高いといえる。

切り種の場合は、イモの種類によって芽の出方が異なるため、品種や大きさに合わせて分割する位置や数を考慮して切断する工夫が必要である。ナガイモの場合は先端の頂芽の部分は除去し（発芽が早すぎて、他のタネイモと成長が揃わないため）、残りはひとつの切りイモが100g程度になるように複数個に切断する。切断の際は腐敗を防ぐため、刃物などで切らずに、ヘラなどで折り込みを入れてから手で折り、切断面を十分に乾かしてから植えつけるのがポイントである。

「波板栽培」と「パイプ栽培」で手間要らず

ナガイモを良品多収するための工夫のひとつとして、「波板栽培」と「パイプ栽培」が知られている。いずれも収穫時に土中からイモを容易に掘り出すための工夫であり、それぞれ専用の資材が市販されている。波板栽培は、長さ1m程度の波板を少し斜めに角度をつけて畑の上に置き、土をかぶせてその上にタネイモを植え付ける。収穫する際には、板を取り出すだけで容易にイモを取り出せる。パイプ栽培も同様であり、パイプの中に土を詰め、傾斜をつけて土の中に置き、その上にタネイモを植え付ける。パイプの穴に沿ってイモが生育し、パイプを取り出すことで簡単にナガイモを収穫できる。

ヤマイモの種類

▲ナガイモ

▲イチョウイモ

▲ツクネイモ

ナガイモの種イモのつくり方

ナガイモ

除去

×

（ムカゴ→子イモ）

（切りイモ）

ナガイモのパイプ栽培

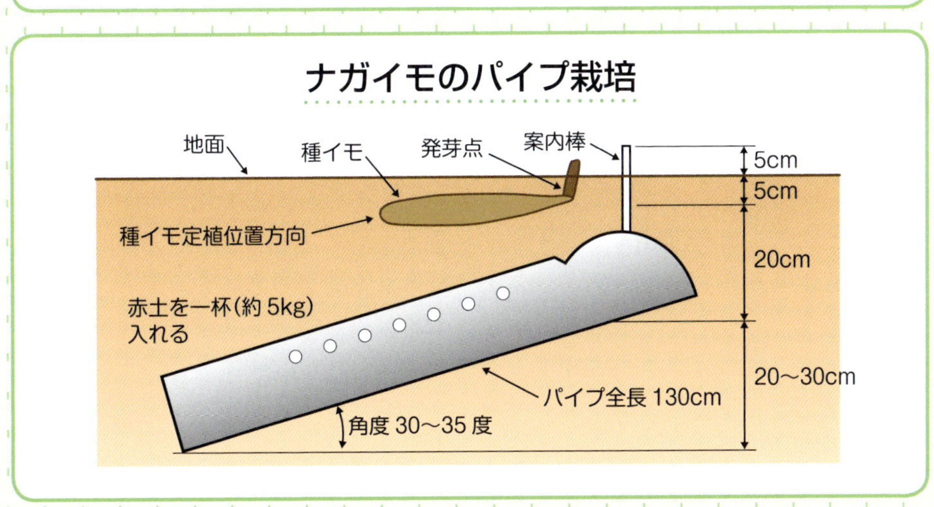

ジャガイモの黒マルチ栽培

●草取りも土寄せも必要なく、作業がラク！

最近、ジャガイモの栽培法で黒マルチを利用した新手法が話題になっている。ジャガイモの栽培といえば、定植後に土寄せを行うことが常識とされてきたが、この方法はその常識を覆した、きわめて斬新な栽培方法であるので、その手順を紹介したい。

植え方は簡単で、半分に切断したタネイモを、切り口を上側にして、タネイモがかろうじて土に埋まる程度に、軽く畝の上に平らに押し込んでいく（下図）。通常は切り口を下側にして植え付けるのが一般的であるが、切り口を上側にすること（逆さ植え）によって、勢いのある良質の芽だけが地上に現れるため、芽かきの手間を減らすこともできる。タネイモを通常どおり30センチ間隔で置いたら、覆土はしないでそのまま黒マルチを張る。その後、芽が出てきて黒マルチが膨らんできたら、その部分の黒マルチを破り、芽を外に出してあげればよい。

この方法では、土寄せも草取りもしなくてすむため、栽培がとてもラクである。また、収穫時には土を掘り返す必要がなく、ただイモを拾うだけなので効率がとても良い。また、イモが土に埋まっていないことから、そうか病などの土壌微生物による被害にあいにくい利点があり、うまく栽培できれば、きわめて合理的な栽培方法であるといえる。しかし、本手法はまだ多くの人たちに成果が実証されているわけではなく、また、品種や土壌環境によっても向き不向きがあり、注意が必要である。

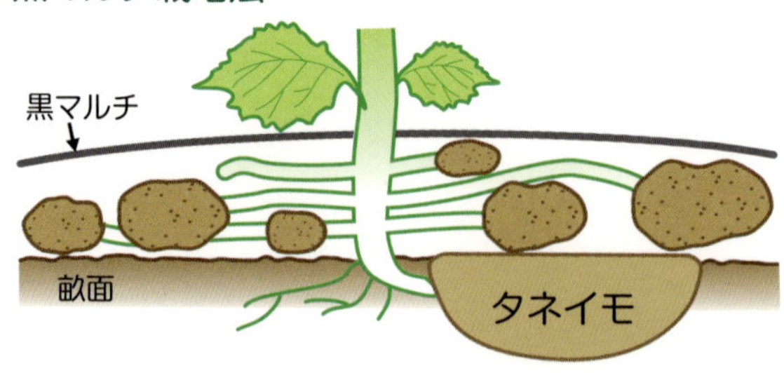

第7章 タネと苗の活用技術

よいタネとは

よいタネとは?

畑に直まきするか、苗をつくって移植するか、そのどちらでも、最初は、よいタネを選ぶところから始まる。

よいタネとはどういうものか。

①その品種の遺伝的特性が均一によく保たれていること。
②発芽率が高く、発芽勢(発芽の揃いの度合)が高いこと。
③病害虫におかされていない、健全な種子であること。
④種子以外のものが混ざっていないこと。

これらの条件をそなえたものである。優れたタネを一口で言えば、「均一で健全な活力の高い種子」である。

求められる「発芽の斉一性」

「揃いのよさ」と「活力」を兼ね揃えた「高品質種子」の重要性は平成に入って高まっている。その背景には、タネまきや育苗の省力化・機械化の進展がある。

育苗では、セル成型苗を中心とする大量育苗技術が確立されてきた。1セルに1粒まいたタネを苗に育てる。そのために「発芽の斉一性」の高いタネが要求されている。

畑へのタネまき技術では、シードテープやペレット種子の機械播種などによる省力技術の進歩がある。手まきに比べて、タネの粒数・間隔ともに精密に行えるので、間引き労力を省くためにも、必要株数だけのタネの量で止めるようになり、タネの一斉発芽やその後の均一で健全な生育が求められる。

タネの活力の向上技術としては、採種栽培、特に種子登熟中の管理技術、収穫後の精選技術、種子加工技術、貯蔵輸送技術などが重要になっている。

求められる「健全なタネ」

野菜に発生する病害の多くが種子伝染することが報告されている。タネの輸出国に対して「栽培地検査を要求する有害動植物」に指定されているものに「スイカ果実汚斑細菌病」や「エンドウ萎凋病」などがあり、「トマトかいよう病」は典型的な種子伝染病として古くから知られている(次頁)。

これらの病気の防除では、主たる伝染経路がタネであるため、健全種子の使用が予防策としてもっとも重要である。

そのために、種子消毒が重要な防除手段となる。種子消毒の方法には、一般的には50~60℃の温湯に10~30分浸漬する物理的方法がある。また殺菌剤による消毒法、乾熱処理によるウイルス消毒法などがあり、重要な野菜には、ペレット処理、皮膜処理などによって、種苗会社で殺菌剤処理を行った種子が販売されている。

よいタネとは？

・よい品種のタネ

・発芽のよいタネ

・均一で健全な活力の高いタネ

タネからの種子伝染性病害に注意

▲スイカ　果実汚斑細菌病

▲エンドウ　萎凋病

▲トマト　かいよう病

写真提供：愛知県農業総合試験場　松崎聖史

タネと苗の活用技術

市販タネ袋の表示の見方

基本的情報

市販のタネ袋には、種苗法によって表示が義務付けられた事項として、タネの生産地、発芽率、有効期限などが記載されている。タネを選ぶときに必ずチェックしたい基本的情報の見方を確認しておきたい。

【生産地】（国内産は都道府県名、外国産は国名）次頁の例のように、国内の都道府県名の他、チリ、中国、イタリアなど世界各国の名前が記載されている。市販のタネは、日本で育成した原種（親種）を使って、海外で委託生産したものが年々多くなっている。これはコスト削減のためではなく、品質向上のためであり、栽培適地で技術指導を徹底して、高い品質を維持している。

【発芽率】 種類によって、市販種子としての基準発芽率が定められていて、その数値以上に調整することとされている。基準発芽率が低いものは、シュンギク50％、ニンジン55％、ミツバ65％などがあり、それぞれの市販種子の発芽率表示は、この基準より高いものである必要があり、基準に合格したものだけが出回ることになる。

発芽試験は、国際種子検査規定を準用し、発芽試験装置を利用して発芽適温で行われるのが原則となっている。誤解しやすいのは、例えば「発芽率80％以上」の表示は、「決められた方法と条件で発芽調査をすると80％以上が発芽する」ということで、「畑に播種した場合に80％以上が出芽する」ことを示しているわけではない。

【有効期限】 これは、記載された発芽率を保証する期限をさしている。期限を過ぎたからといって発芽しないというわけではない。有効期限は通常の場合、発芽検定試験日から1年とするものが多い。タネには、短命種子から常命・長命種子まで、品目によって幅がある。「タネの寿命と貯蔵条件」（44頁）を参考に、タネを無駄なく使うようにしたい。

栽培情報

タネ袋には、その品種の適切な栽培に向けた情報もコンパクトに記載されている。

【発芽適温・生育適温】 早まきせず、適温になってから播種すること。これは順調な生育のための基本的な目安になる。

【栽培例・作型例】 冷涼地か暖地か、地域の環境条件に合わせた栽培として、まく時期・収穫期が例示されている。

【交配種か固定種か】 交配種（1代雑種）は、通常「○○交配」と表記されたもの。「○○育成」（もしくは品種名だけ）は固定種（在来種）である。

タネ袋の表示例　(部分)

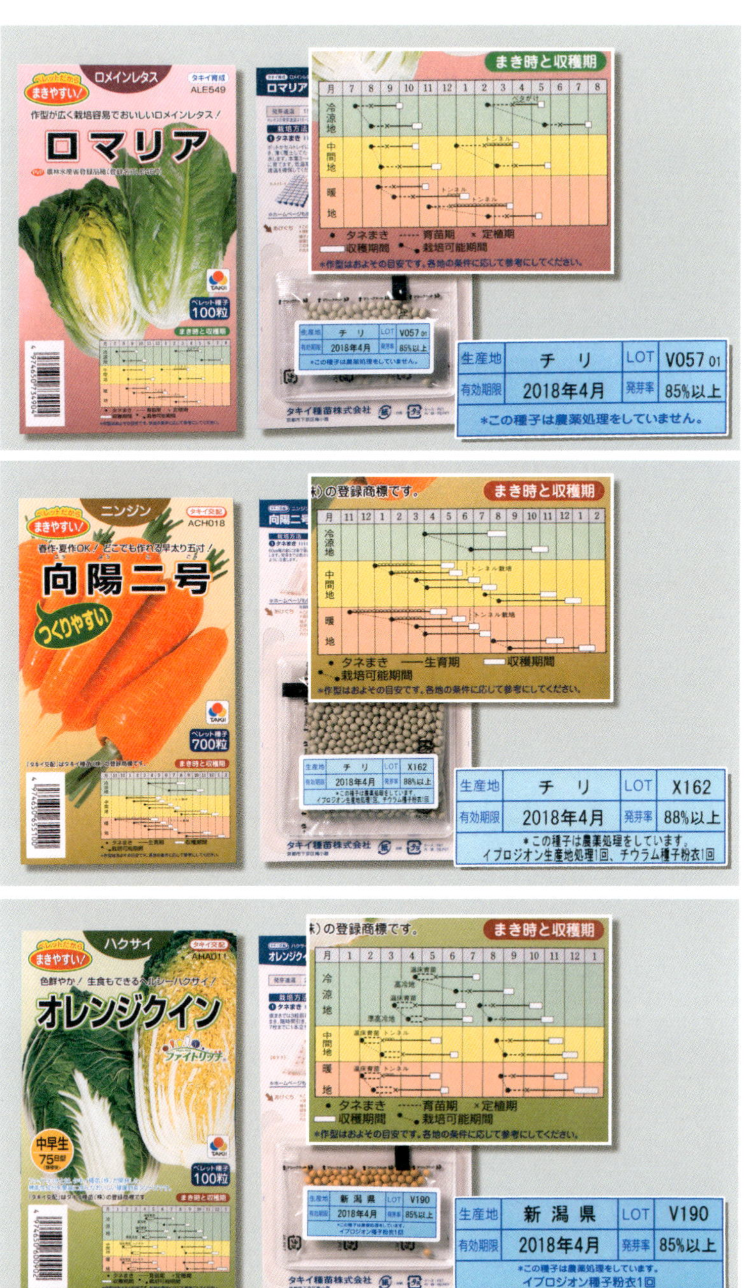

ロメインレタス
まきやすい!
タキイ育成
ALE549
作型が広く栽培容易でおいしいロメインレタス!
ロマリア
ペレット種子
100粒
まき時と収穫期
タネまき
育苗期
定植期
収穫期間
栽培可能期間
*作型はおよその目安です。各地の条件に応じて参考にしてください。
生産地 チリ LOT V057 01
有効期限 2018年4月 発芽率 85%以上
*この種子は農薬処理をしていません。
タキイ種苗株式会社
ニンジン
タキイ交配
ACH018
春作・夏作OK! どこでも作れる早太り五寸!
向陽二号
つくりやすい
ペレット種子
700粒
(株)の登録商標です。
まき時と収穫期
タネまき
生育期
収穫期間
栽培可能期間
*作型はおよその目安です。各地の条件に応じて参考にしてください。
生産地 チリ LOT X162
有効期限 2018年4月 発芽率 88%以上
*この種子は農薬処理をしています。
イプロジオン生産地処理1回、チウラム種子粉衣1回
ハクサイ
タキイ交配
色鮮やか! 生食もできるヘルシーハクサイ!
オレンジクイン
ファイトリッチ
中早生
ペレット種子
100粒
(株)の登録商標です。
まき時と収穫期
タネまき
育苗期
定植期
収穫期間
栽培可能期間
*作型はおよその目安です。各地の条件に応じて参考にしてください。
生産地 新潟県 LOT V190
有効期限 2018年4月 発芽率 85%以上
*この種子は農薬処理をしています。
イプロジオン種子粉衣1回

タネの直まきか苗の移植か

直まきか苗の移植か、その欠点と利点

畑にタネをまいて、そのまま育てる「直まき栽培」か、いったん苗に仕立ててそれを畑に植え直す「移植栽培」か、農業の基本として、2つの選択肢がある。

【直まきの問題点】

露地の畑での直まきでは、かん水や排水、保温がしにくいため、発芽後の生育が不揃いになりやすい欠点がある他、病害虫や鳥獣害への対応に手間がかかる。

また、タネが発芽する適温は決まっていて、露地ではそれを自然に合わせることになるので、直まきの時期が限られる。

【育苗・移植の利点と欠点】

①一番ひ弱な幼少期を、ハウス内で手厚く管理でき、発芽がよく揃い、大敵の虫害、悪天候を避けられる。

②定植時には大きくなっていて、雑草に負けず、本畑での生育期間が短縮できて、畑をムダなく使える。

③間引きの手間がなくなり、タネ代も節約できる。

もちろん、欠点もある。①育苗資材代がかかる。②育苗の手間がかかる。③植え付けの手間がかかる。それも見込んで「直まき」か「移植」かを選ぶことになる。

直まきする野菜・移植する野菜

【直まきするもの】

一般的に、直まきが原則なのは、ダイコン、ニンジンなど直根性の根菜類。移植すると根が傷み品質が悪くなる。

また、栽培期間の短い軟弱な葉菜類も直まきが原則である。

【苗から始めるもの】

トマト、ナス、キュウリ、スイカ、メロンなどの果菜類は、露地栽培でも施設栽培でも、苗づくりから始めるのが基本になる。特に果菜類では苗つくりが大切で、病気に強い接木苗にするなど、「苗半作」として力を入れている。

他には、キャベツ、ハクサイ、セロリ、タマネギなども、苗をつくってからの移植が一般的である。

多品目に広がる「省力育苗」

減農薬や省力を志向する今の栽培では、初期生育段階の虫害防除や本畑での間引きの省力化のために、畑への直まきではなく育苗・移植を取り入れる作目が増えている。トウモロコシやハクサイ、エダマメでも育苗へ。この育苗の広がりには、小面積で大量に苗をつくれる「セル成型苗」の開発が大きな力になっている。

タネの直まきか、苗の移植か

一般に直まきするもの

ダイコン、ニンジン、ゴボウ、ホウレンソウ、カブ、コマツナ、ツケナ類、エダマメ、トウモロコシ、シソ他

移植するもの

トマト、キュウリ、ナス、ピーマン、タマネギ、トウガラシ、メロン、スイカ、キャベツ、ハクサイ、セロリ、結球レタス他

初期生育を守るセル育苗の広がり

トウモロコシ：セルトレイの集中管理で苗揃いよく

エダマメ：子葉の室内緑化で鳥害なしの健全生育へ

タネまきの基本型と鎮圧

基本型は、点・すじ・ばらまきの3つ

タネまきには、基本型として、点まき、すじまき、ばらまきの3つの方法がある。

【点まき】事前に育てる株の間隔を決めて、3～5粒を点状にまとめてまく方法。ポリフィルムで畝を覆うマルチ栽培が増えていて、最初から決まった間隔で植え穴が空いている「穴あきマルチ」もあり、これには穴の中心に点まきすることになる。発芽後は最終的に1本に間引きする必要がある。

点まきは、主にダイコン、エダマメ、トウモロコシなど株間を広くして大きく育てる作物に利用されている。

【すじまき】一直線のすじ状に溝をつくってまくやり方で、主に、ホウレンソウ、コマツナ、カブなど背の低い野菜に適している。株間は狭くても畝間を広くとるので全体的には日当たりや通風を確保できる。作付面積が多い場合は、播種作業の省力化・精密化のために、「シードテープ」が使われている。これで間引き作業も省力化できる。

【ばらまき】文字通り、タネをパラパラとまく方法。簡単で作業時間も少ないが、生育の均一性は低い。ばらまきして、厚まきとなっても、各株に日照が確保できる、ベビーリーフや二十日ダイコンなどの小さな野菜に向いている。

これら3つのまき方は、いずれもタネまき数の目標は同じで、タネとタネの間隔は2cm（親指の幅）以上離すことが目標になる。

発芽の第一歩は「鎮圧」から

タネをまいたあとに覆土しただけでは、発芽が揃わないことが多い。乾燥をきらうニンジンやタマネギなどでは、とくにしっかり鎮圧をすることが必要になる。タネと土が密着することで土の中の水がタネに吸収しやすくなる。足やクワの背で、あるいは鎮圧ローラーで鎮圧することで、地下水と地表近くの水分が毛管現象でつながり、タネの周りがじんわり湿り、発芽率が格段に向上する。

【覆土の厚さ】タネまき後は、一般的にタネの厚さの2～3倍の土をかけるが、土質によって異なり、重い土では薄くする。

また、ミツバ、レタスのように光が当たると発芽しやすいタネ（好光性）は土をかけず、鎮圧だけにする。有機物の少ない粘土質土壌では、鎮圧後に強い降雨があるとクラスト（土の粒子が固結した地表面の硬い膜）が形成され、乾燥すると出芽を妨げる。このような土壌では、「覆土前鎮圧法」の工夫がある。タネをまいたまき溝を部分鎮圧して、そのあと膨軟に覆土してクラストの形成を抑制する。

タネまきの基本型

①点まき

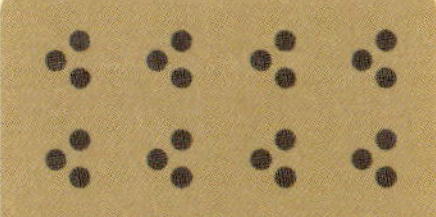

畝幅と株間を決め、
１カ所に数粒ずつまく。

②すじまき

条間を決めて、帯状に溝を
つくってまく。

③ばらまき

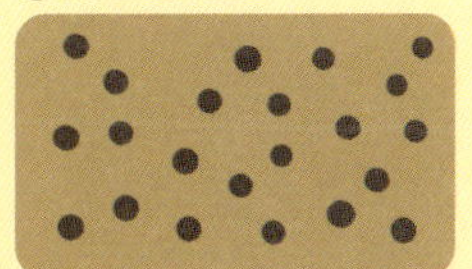

ベッド全体に薄くまく。

長期栽培の根菜類他
ダイコン、エダマメなど比較的大きい野菜。
（種間隔２cm 以上）

短期栽培の葉菜類他
ホウレンソウ，コマツナなど背の低い野菜。
（50 ～ 70 粒 / m標準）

密植できる小型野菜
ベビーリーフ、二十日ダイコンなど。
（種間隔２cm 以上）

重粘土壌では「覆土前鎮圧」でクラストの防止を

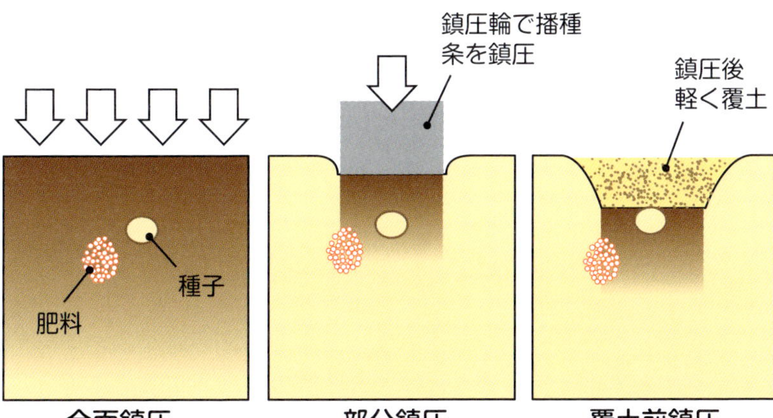

定植前の準備と植え付けの注意点

苗を徒長させない「鉢ずらし」

ハウス内での育苗は、密植状態になると徒長しやすいので、特に果菜類では繁茂するに伴って株間を広げ、苗床面積を増やし、できるだけ苗全体に陽光をあてて、茎が太くて、節間が短い、締まった苗をつくることが大切である。

果菜類の苗では、小さなセルトレイから大きなポットへ鉢上げするが、そのポット苗が大きくなってきたら「鉢ずらし」が欠かせない作業になる。鉢をずらして間隔を空けることで、苗が徒長せず、風通しもよくなり、病虫害に強い丈夫な苗になる。

苗の植え痛みを防ぐ「順化」

苗をそのまま本畑に植えると、苗床と本畑では環境条件が大きく異なることから、一時的に苗の生育が停滞することがある。これを避けるために、育苗の最終段階で行うのが「順化（馴化）」である。

順化とは、苗をしめる（硬化させる）ことで定植後の活着を促進し、植え傷みを防止する技術で、苗に強い光を当て、温度を低目に管理し、かん水量もしおれない程度にまで制限する。そして順化が進んだら、定植の1～2日前に温度をやや高めにし、かん水量も多めにする「戻し」の作業をする。

定植前にあらかじめ苗を外界の状況に近づけておく順化の作業は、半促成作型（無加温）、露地作型、トンネル作型など、定植時期が低温の作型でより効果が大きい。

植え付けの注意点

定植にあたっては、苗に十分なかん水を行うと同時に、野菜の種類に応じた適正な深さや角度を確保することが重要になる。

特に、小さなセル成型苗の場合は、根鉢が地表面に見えないように植え付けることで、乾燥を防ぎ、活着を促すことが大切になる（次頁参照）。接木苗は、接いだ箇所が地面に入ってしまわないようにすることも重要である。

また、苗は気温が上がると活発に根を伸ばすので、定植はよく晴れた風のない日の午前中に行うのがよい。暑い夏の定植は、日中の暑い時間や直射日光の当たる時間は避けて、日差しがやわらいできた夕方の涼しい時間帯を選ぶようにするとよい。

定植後、いち早く発根し、養水分を吸収できるように管理することが大切で、低温時期の定植は、マルチやトンネルの定植前の設置によって地温を確保することが必要となる。

セル成型苗の適切な植え付け方法

畝の中央に植え付ける

苗の肩が隠れる
程度の深さがよい

浅植え

斜め植え

苗植付け前の準備

苗を徒長させない鉢ずらし

苗が混み合ってきたら、鉢をずらして空間を空けてやる

【畑づくり】畝立ての基本型

畝立ては何のため？

タネの直まきでも苗の移植でも、まず作物が生育しやすいように、土を盛り上げた畝をつくる必要がある。土を盛って周囲よりも高くつくった床（ベッド）のことを畝と呼び、畝をつくることを畝立てという。

畝を立てる目的のひとつは、管理のための通路と作物が育つ場所を明確に分けること。畝の区画ごとに何を植えるかその種類を決めるなど、栽培の計画が立てやすくなり、輪作（品目のつくりまわし）もしやすくなる。低温下では、平ベットにすることで地温の低下を抑制できる。

土壌管理としての畝立ての目的は、水はけと通気性をよくして、根が伸びる範囲を十分に確保すること。

畝は、育てる野菜によって幅と高さが変わり、つくり方しだいで、日当たりや水はけなどが大きく変わってくる。

畝の高さ

畝の種類は高さによって、平畝と高畝に分けられる。

【平畝】 高さが5㎝から10㎝の低い畝。水はけのよい土地に限られる。砂地や関東ローム層のようなサラサラの土、水はけがよくて乾燥しやすいところは平畝が向く。高畝にすると乾きすぎて水管理が大変になる。

サトイモのように、水を好む野菜、キュウリのように浅く根が張る野菜は平畝が向いている。ジャガイモ、ショウガのように途中で土寄せをする野菜も平畝がよい。

葉菜類など多くの野菜はこの平畝で育てることができる。

【高畝】 高さが10㎝以上の高い畝。表面積が広くなり、太陽熱の吸収や通気性・排水性がよくなる。粘土質で水はけの悪い土壌に適している。根が深く張るナス・トマトなど、また水はけのよい土を好むサツマイモは高畝にする。

畝の向き

畝の向きは、一般に「南北にのばすのがよい」といわれている。とくに、太陽の高い夏場（春作）は、南北畝に。午前中は東から、昼間は真上から、午後には西側から1日中日が当たり、生育が揃う。太陽が低い冬場（秋作）は東西畝にする工夫もある。葉菜類では、畝の北側を高くすると日当たりがよくなり、北風の当たりも和らげてくれる。

【畝の幅】 近頃は雑草防止と地温の安定のために、畝にマルチをすることが多くなり、生育管理のしやすさも考えて、標準的な万能型の畝幅として、90㎝～1mを目安にしている農家が多い。通路を広くして日当たりを良くする。

畝立ての目的

畝を立てないと・・・

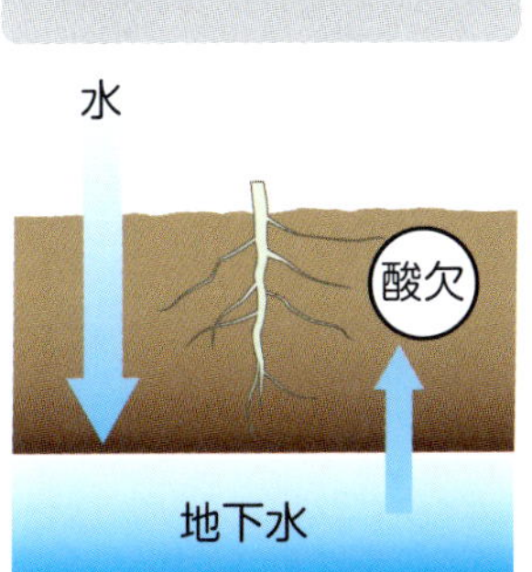

畝を立て、根の伸びる範囲を確保

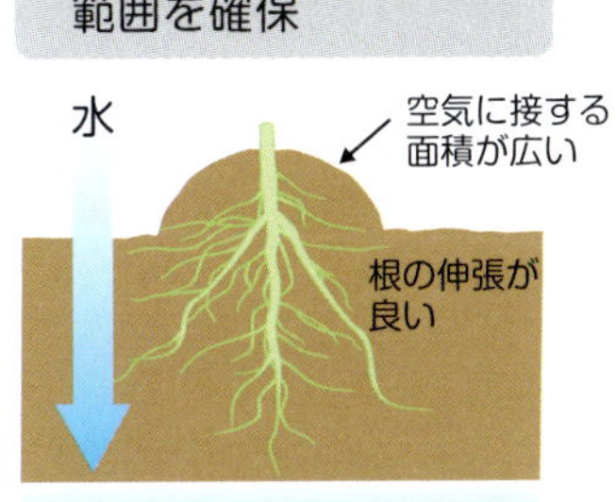

畝の高さと幅

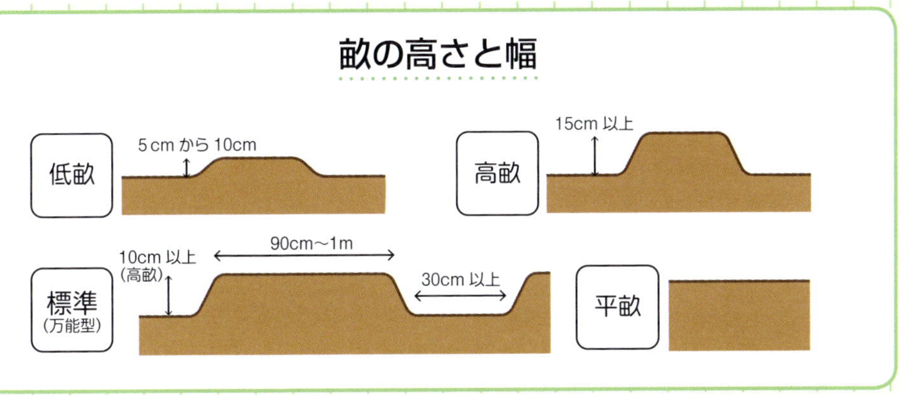

畝の向き

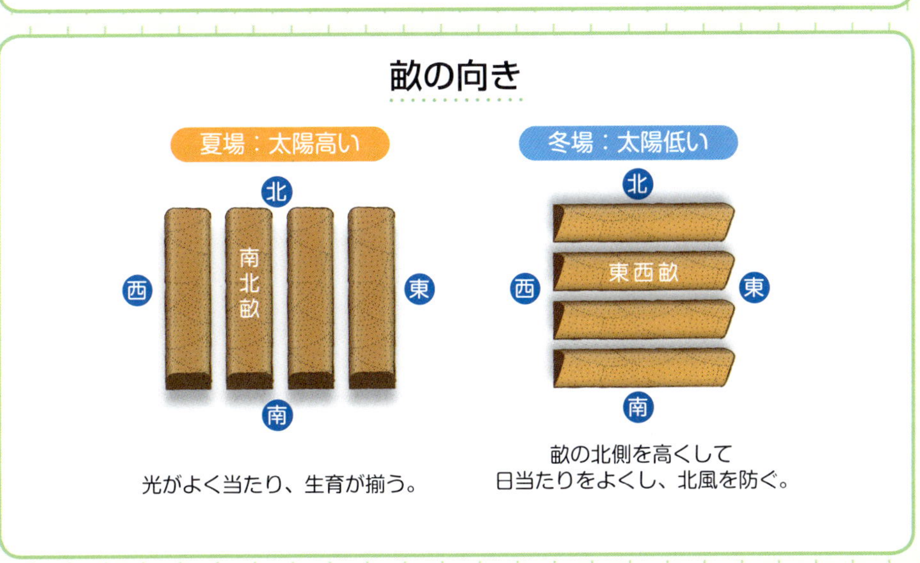

光がよく当たり、生育が揃う。

畝の北側を高くして
日当たりをよくし、北風を防ぐ。

【畑づくり】マルチの活用法

マルチとは?

作物栽培に対し好適な土壌環境をつくるため、ポリエチレンフィルムなどの資材で土壌表面を覆うこと。マルチの歴史は、地温上昇抑制や、土壌水分保持などのためのワラやモミガラの活用から続いているが、いまでは、ポリエチレンフィルムが露地栽培でも施設栽培でも、不可欠のマルチ資材。

主なマルチ資材の種類と効果

ポリエチレン製のマルチ(ポリマルチ)は地温を上昇させ、作期を前進させる目的で利用される場合が多い。

【地温の上昇・制御】

・透明マルチ:もっとも地温上昇効果が高いのは透明マルチ。太陽光線によって地表面が直接暖められるが、土壌からの水分上昇が抑えられるので、気化熱による損失がない。
・黒マルチ:マルチ自体は光線を吸収して高温になるが、その熱の大半が空中へ失われるため、地温上昇効果はそれほど高くない(冬場は地温を保つ効果がある)。
・白マルチ:夏季の地温上昇の抑制効果がある。
・紙マルチ:地温抑制、適湿確保。

【雑草抑制効果】

・黒マルチ:主目的は抑草である。光線透過量が低いため抑草効果が高く、基本的に草は生えない。

【害虫抑制効果】

・シルバーマルチ:露地栽培でウイルスを媒介して問題となるアブラムシ類に対して反射光による忌避効果が高い。

【土壌水分量の適湿化】

【その他の効果】

マルチ資材に共通する効果として期待できるのは、
・土の跳ね上がり防止による病害の抑制、
・雨による土の硬化の防止、
・肥効の安定化などがある。

穴あきマルチ資材の規格の見方

マルチ幅の標準サイズは95㎝(他に135、150㎝)。穴あきマルチも多くの種類があり、4ケタの規格で表示されている。次頁の解説のように、幅と穴の列数、株間などを読み取ることができる。穴あきでないものは、列数・株間を決めて、自作や市販の穴開け器で開けて使うことになる。

【直売所農家の工夫】 ダイコンのマルチ栽培の場合、最初から2粒まきとして、間引きをせずに生育させ、1穴で2本収穫する農家の事例が各地にある。

主なマルチ資材の特徴

色	目的／特徴	主な作物	地温上昇	雑草防止	害虫の飛来防止
透明	太陽光の透過率が高く、マルチの中でもっとも地温上昇効果が高い。春先の用途が多い。ただし、光は通すため雑草の防止はできない。	サトイモ、インゲンなど高い地温を好む作物	◎	−	−
黒	光を通さないため、雑草防止効果が高い。冬場は地温を保温する効果がある。一年中、さまざまな作物に使用できる。	ホウレンソウ、タマネギ、サツマイモなど	○	◎	−
シルバー	光の反射で果実の着色をよくする効果とアブラムシ忌避効果がある。さらに、地温の上昇を抑える効果もある。	レタス、ハクサイ、ダイコンなど	−	○	◎

（資料：㈱サカタのタネ HP）

穴あきマルチ資材の規格の見方

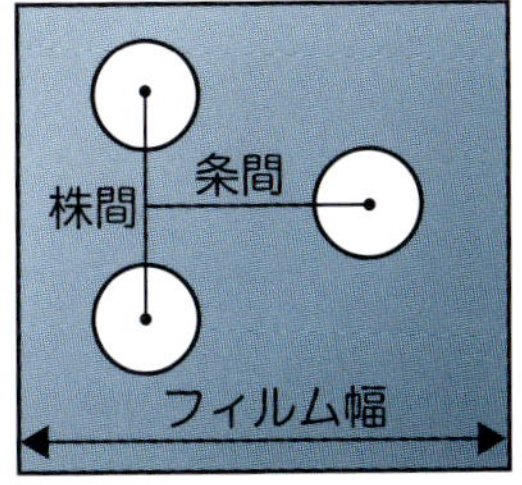

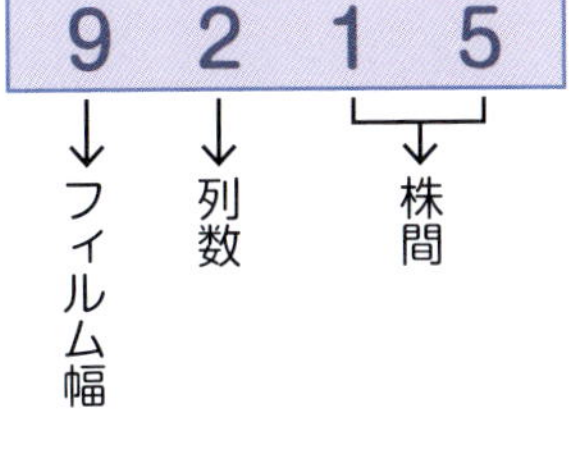

9　フィルム幅　9=95cm　3=135cm　5=150cm
2　穴の列数（1,2,3,4,5,6,7 など）
15　株間＝穴の間隔縦（cm）　15=15cm　30=30cm

加工処理種子とは

省力精密播種に向けた加工種子

現在の栽培では、タネまきと間引き作業を省力化し、さらに反収の増加も目的とする精密播種にシフトしてきている。タネを所定の間隔と深さに一定粒数ずつ正確に播種するもので、それに使われる播種機が改良されることと同時に、タネ自体も高品質なものが求められている。

近年では、機械播種だけでなく、通常の播種においても、各種の処理された加工種子が利用される傾向にあるため、多くの企業で開発・研究・改良が進められている。

①シードテープ

水溶性のテープにタネを一定の間隔に封入し、テープごと畑に埋め込む。この方法では少ない種子量で、タネを均一な株間で一直線上に播種できるので生育の揃いがよく、間引きや調整作業の省力化ができ、機械作業もすすめやすい。ニンジン、ダイコンなどに利用されている。

②ペレット種子（コーティング種子、造粒種子）

天然素材を主成分とする粉体を用い、タネを核として均一な球状に成形したもの。不整形・扁平・微細なタネでも、造粒することで形や大きさが揃うため、取り扱いや機械播種が容易となり、正確に点播することができる。

③フィルムコート種子

殺菌剤や着色剤を加えた水溶性ポリマー溶液（糊剤）でタネをコーティングし、タネの周囲に形成する薄い被膜に薬剤を固着させたもの。発芽時の病害防除効果はもちろん、薬剤の飛散が極めて低く、作業者への安全性向上の効果もある。

フィルムコート種子は、基本的に薬剤処理済のマーカーとして着色されており、播種後のタネの識別が容易となる。

④剥皮種子（ネーキッド種子）

タネの発芽を抑制する果皮や種皮をはがし、発芽能力を高めたものをいう。発芽を早め、皮に付着する病原菌を除去する効果がある。代表的なものに、ホウレンソウやシュンギクの皮を剥皮して裸状にしたネーキッド（＝裸の）種子がある。

また剥皮したタネは、直接外部と接触するため、胚を保護し、病原菌からの攻撃を防ぐため、前述のフィルムコートやペレット加工を重ねて行う場合がある。

⑤プライミング種子

プライミング種子とは、発根しない程度の水分をタネに供給し、発芽にいたるまでのタネの内部代謝活動を、あらかじめ人工的に進めたタネをいう。プライミング処理により、発芽までの時間短縮、苗立ちの均一化、不適環境下での発芽向上などの効果が得られる。プライミング処理種子の外観は変わらず、加工はタネ内部に対して生理的に行われる点で、その他の種子加工とは根本的に異なるものである。

主な加工処理種子

シードテープ

畑に張り終えたところ

水溶性のテープに封入されたタネ

ペレット種子

ニンジン

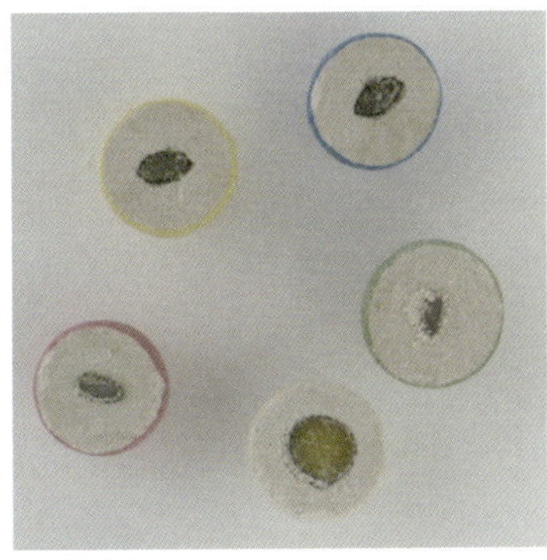
各種の断面

フィルムコート種子

ブロッコリー

日本における野菜の種類とその分類

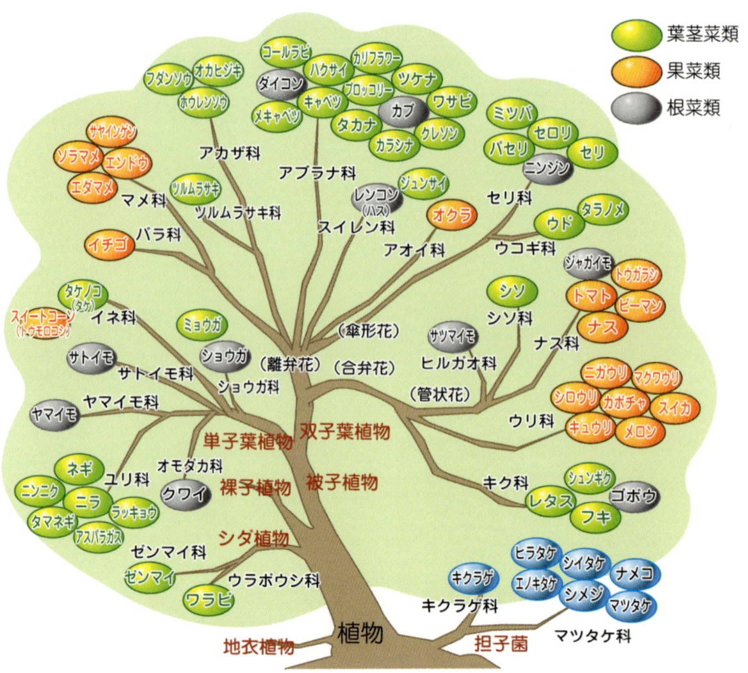

注. 野菜として扱われるものの多くは１・２年生の草本であるが、キノコやタケノコも含めることが多い。メロンやスイカ、イチゴは果物として扱われることも多い。ダイズやインゲンマメ、トウモロコシは、成熟したものは作物として扱われるが、未熟でやわらかいものは、エダマメやサヤインゲン、スイートコーンの名前で野菜として扱われる。

（原図：池田・川城ら、2003）

連作障害を避けるために

同じ科の野菜は連作しない

◎アブラナ科野菜

ハクサイ・ダイコン・キャベツ・コマツナ・ブロッコリー

◎ナス科野菜

トマト・ナス・ピーマン・トウガラシ・シシトウ・ジャガイモ

◎ウリ科野菜

スイカ・メロン・カボチャ・キュウリ・ユウガオ・ニガウリ

第8章 タネと品種改良

品種とは

そもそも、品種とは？

品種とは、簡単に言えば「同じ品目（トマト、キャベツ、ジャガイモなど）のなかで、異なる性質を持つものをそれぞれ別の集団として分類したもの」である。たとえば、トマトの代表的な品種には「桃太郎」「ファーストトマト」などがある。

なお、トマトは大きさの違いによって「大玉トマト」や「ミニ（プチ）トマト」、キャベツは収穫時期によって「春キャベツ」や「寒玉（冬）キャベツ」などといった呼び方が一般的にもよく使われるが、これらは総称であって品種名ではない（ミニトマトであればミニトマト、春キャベツであれば春キャベツのなかに数多くの品種が存在する）。

参考までに、トマトだけでも世界には8000種類以上の品種があるといわれている。

品種登録制度の目的

品種登録制度とは、花や農作物などの植物の新品種を育成した人に独占的な権利を与え、その新品種を保護する制度のことである。

そもそもが〝自然の恵み〟である花や農作物の品種の「独占的な権利」と聞くと、あまりよい印象を持たない人もいるかもしれないが、多くの技術や知識に加え、膨大な時間と労力、費用が必要となる新品種の育成・開発は、いわば〝人の営み（努力）の賜物〟でもある。しかも、「研究開発すれば確実に成果が得られるわけではない」というリスクを背負って、育成者たちは時間や労力、費用を注いでいる。

にもかかわらず、いったん育成・開発された品種については、他人が簡単に増殖できてしまう。新品種の誕生は、農業の発展や消費者の生活に多大に貢献し得る可能性を秘めているが、これでは育成者が報われず、積極的に開発に乗り出せない。そこで、育成者の権利を適切に保護することで新品種の育成・開発を奨励しようというのが、品種登録制度の目的である。

なお、種苗法で品種登録の対象となるのは植物（藻類、きのこを含む）だけで、動物や魚介類の新品種は登録できない。

日本は〝品種登録出願大国〟

日本は世界有数の〝品種登録出願大国〟であり、年間の出願件数は1000件を超える水準で推移。2011（平成23）年の出願件数はEU、アメリカ、中国に次ぐ第4位となっている。なお、2015（平成27）年末時点で権利存続中の品種は8269件あり、権利が消滅したものも含めた累計は2万1743件におよんでいる。

世界の品種登録出願および登録件数（2011 年）

年間品種登録出願件数の推移

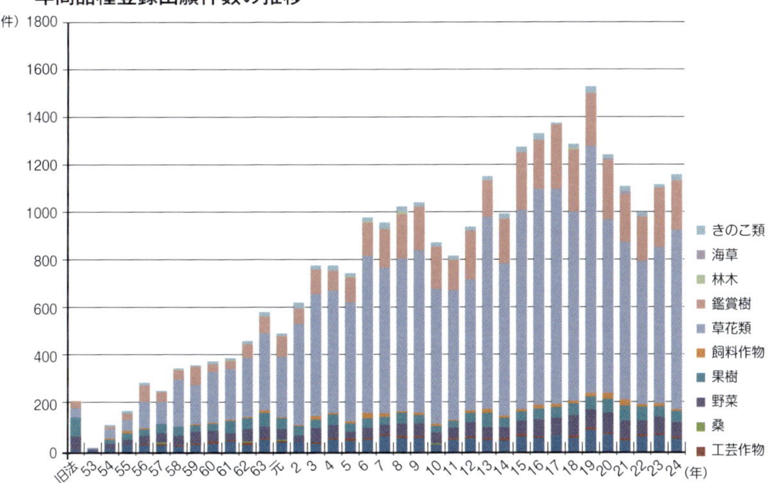

UPOV 加盟各国における出願・登録件数（2011 年）

（世界計　出願数：13,714 件、登録数：10,065 件）

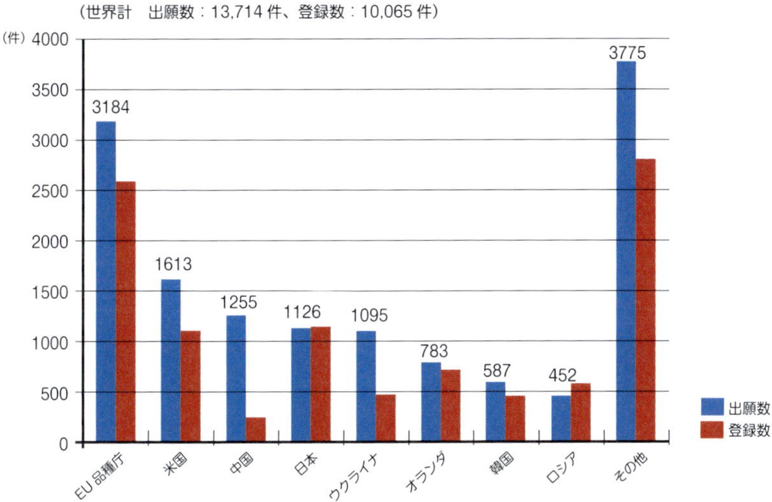

タネと品種改良

品種改良と品種特性

品種改良とは?

品種改良とは、異なる性質を持つ品種を交配することにより農作物の遺伝的な性質を改良し、優れた品種をつくることである。たとえば〝味が良く乾燥に強い品種〟をつくろうとした場合、〝味が良い品種〟と〝乾燥に強い品種〟を掛け合わせてできたさまざまな性質の個体(遺伝子型)のなかから求める個体を選別し、さらに交配を繰り返すことで安定した品種として確立していく。

品種改良の主な目的としては、①環境適応性(早晩性やストレス耐性など)の改良、②耐病性・耐虫性の改良、③経済的特性(収量の増加や品質の向上など)の改良、④栽培・収穫作業管理上の特性の改良、などがある。

早生種・中生種・晩生種とは?

園芸店やホームセンターなどに並んでいるタネには、タネ袋に早生、晩生などと表示されているものがある。それらは、品種改良によって特性(早晩性)を付与された品種である。

早晩性とは、作物の開花や収穫に至るまでの栽培期間の長さを基準とした性質のことで、早く開花や収穫に達するものから極早生、早生、中生、晩生、極晩生に分けられる。家庭菜園であれば、栽培期間が短くてすむ早生品種がおすすめだ。

ただ、〝栽培期間が短いからよい品種〟というわけではなく(それであればわざわざ晩生種を開発する必要はない)、早生種には早生種ならではの欠点や注意点もある。

早生種の欠点と注意点

トウモロコシの早生種には、中生種よりも8日も早く収穫できる品種があるが、これは、実の付きだすのが早いということ。生育が遅れていても、決まった日数が経過すれば実は付き出すので、それまでにしっかり株を育て上げておかないと期待どおりの収穫はできない。

タマネギの早生種では、苗づくりに失敗すると取り返しがつかない。生育不良で細いまま玉がふくらみだし、小さい玉のまま葉が倒れて収穫時期を迎えてしまう。

エダマメの早生種は、生育が早いので早くに収穫時期を迎えるが、晩生種に比べて収穫は少なくなる。

なお、晩生品種には生育期間が長いため収量が多くなるというメリットがあるが、その分、病害虫の被害や気象災害を受ける可能性が高くなる。

タマネギ産地では、次頁の作型のように、早生・中生・晩生種で収穫時期をずらして災害リスクを回避している。

品種の特性をつかもう

早晩性は品種選びの重要なポイントのひとつ。収穫したい時期に合わせて適正な品種を選ぼう

作物の早晩性（タマネギの例）

タマネギの作型（関東南部以西・平坦地）

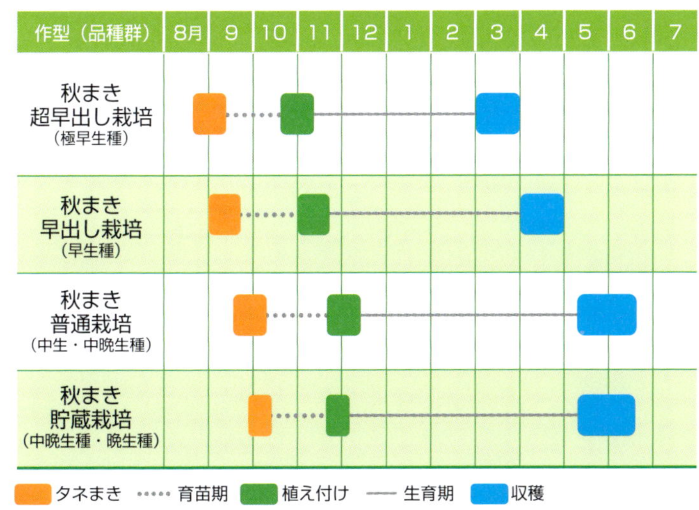

（資料：タキイネット通販 HP）

品種改良の実際

品種改良の意義

日本にはトマトだけでも120種を超える品種が品種登録されている。なぜ、こんなにもたくさんの品種が必要なのだろうか? それは、栽培される地域や時期に応じた気候・土壌条件にもっとも適した品種が求められるためである。さらに、時代の流れに沿って生産者や流通業者が要望する形状・味・収量性・貯蔵性・耐病性・機能性といったニーズに応えるためには、さまざまな特性を付与した多様な品種が必要になる。

ちなみに、ひとつの品種を開発するのに要する年月は約10年。そのため、日本の種苗メーカーは、〝10年先のニーズ〟を予測しながら品種改良を行っている。事実、近年は核家族化や消費者の健康志向が加速しているが、〝少人数の世帯でも食べきれるサイズに改良されたミニ野菜〟、〝ガンや動脈硬化などの予防効果が期待できる機能性成分の含有量を高めたタマネギ〟などといった時宜を得た品種が、約10年の開発期間を経てすでに市場に流通している。

F1品種とは?

品種には大別して固定種とF1種(First Filial Generation)の2種があるが、現在種苗メーカーが開発している品種の大半はF1種である。

これは、性質の異なる2種類の親(原種)を掛け合わせて作出した雑種第一代のことで(交配種、一代雑種、ハイブリッド種も同意)、特徴としては次のようなものがある。

①雑種強勢により生育が旺盛で不良環境下における栽培性が高く、収量性も向上する。

②両親(原種)に付与した優良形質を兼ね備えることができ、「病気に強い」×「味がよい」といった付加価値の高い品種ができる。

③形質の揃いがよい。両親の形質が固定化されているので、品種特性がムラなく均一に発揮される。

④自家受精による次代の種子では個体ごとにバラバラな形質を示し同じ形質のものは収穫できない。

昔と今では、見た目も味も全然違う!?

多くの野菜は、野生植物のなかから、生育が優れ収量が多い、食味がよいなど、利用目的にかなうものを選び出し、長い時間をかけて改良してきたものである。

そんな人類の品種改良の歴史を物語るように、現在、私たちが当たり前のように食べている野菜や果物のなかには、〝オリジナル〟とも言える野生のものとは似ても似つかないものも多い(次頁)。

品種改良の歴史が垣間見える、野菜＆果物のビフォー・アフター

バナナ

野生のバナナ

現代のバナナ

スイカ

野生のスイカ

現代のスイカ

ニンジン

野生のニンジン

現代のニンジン

トウモロコシ

野生のトウモロコシ

現代のトウモロコシ

世界に誇る日本の野菜や花き品種

世界トップレベルの技術力

世界における野菜種子の市場を地域別にみると、日本は欧州、アジア・太平洋（日本と中国を除く）に次ぐ17％のシェアを占めており、国土面積が小さいにもかかわらず世界市場において有数の規模であることがわかる（左頁上図）。これは、四季の気候変化に対応し、限られた耕地面積において生産効率を高めるために、さまざまな特性を備えた品質の高い種子の需要が大きいためである。そして、こうした市場に向けた品種開発を行っている日本の種苗メーカーの技術力は、世界市場のなかでもトップレベルにある。

野菜の多様性は世界屈指

野菜の種類（品目）は世界全体で800以上あるとされているが、日本では1年を通じて約150種の野菜が食べられている。これは、ヨーロッパでもっとも野菜の種類の多いフランス（約100種）や、日本の約25倍の国土面積を有するアメリカ（約95種）と比べても飛び抜けて多い。

加えて、ひとつの野菜のなかにも特性の異なるさまざまな品種があり、これほど多様性のある国は世界でも類を見ない。2013（平成25）年に和食がユネスコ無形文化遺産に認定され、世界中で〝和食ブーム〟が叫ばれて久しいが、その一端を担っているのは、日本が世界に誇る品種改良技術であると言っても過言ではないだろう。

花きの品種改良でも世界をリード

花きにおいても、日本の優れた品種改良技術が世界をリードしている。

たとえば、カーネーションは萎凋細菌病に抵抗性を有する実用品種が世界的にもまったく存在せず、その育成に期待が持たれていたが、2010（平成22）年、国立研究開発法人農業・食品産業技術総合研究機構（農研機構）花き研究所が、同病害に強い抵抗性を有するカーネーション品種「花恋ルージュ」の育成に世界で初めて成功している。

また、カーネーションやバラ、キクなどと並び世界的な人気を誇るトルコギキョウも、原産は北アメリカながら、その世界シェアの75％を国内種苗メーカーである㈱サカタのタネが占めている。同社は1970年代からトルコギキョウの品種改良をスタートさせて以降、さまざまな品種を開発・育成して世に送り出してきた。2017（平成28）年には、花粉をつくらないトルコギキョウの開発にも世界で初めて成功している。

世界の野菜種子市場

世界の野菜種子市場 4,000億円

南米 3%
欧州 26%
アジア・太平洋 20%
日本 17%
北中米 16%
その他 10%
中東・アフリカ 8%

“世界初”の日本の花き品種

サカタのタネが開発した無花粉のトルコギキョウ。（上下２枚とも左側）

国内種苗産業の動向

国内の種苗ビジネスの傾向

日本における「種苗ビジネス」といえば、従来は「タネ」が中心であるイメージがあったが、農家のニーズの変化により、近年は「苗」が中心になりつつある。

JAの育苗センターや苗専業メーカーが集約的な生産を行っている他、大手種苗メーカーも苗生産販売の関連会社を持ち、独自に苗生産を行っている。また、食品メーカーが直接種苗を扱い、契約栽培を行うケースも増えている。

販売においても、ホームセンターでの種苗取扱量やネット販売が増加傾向にあり、今後も種苗ビジネスの産業生態系は多様化・複雑化していくことが予想されている。

種苗メーカーの海外展開

日本の種苗メーカーは、高レベルの品種改良技術を武器に早くから海外展開を進めており、野菜・花き種子では、国内双璧のタキイ種苗㈱と㈱サカタのタネが世界トップクラスの一角を占めている。

タキイ種苗㈱は、約90年前にハワイの日系人向けに大根のタネを輸出したのを皮切りに、現在は国外に複数の拠点を設け、輸出先は120カ国以上に上る。

一方、国外に約20拠点を擁する㈱サカタのタネは、約500億円の売上高のうち海外比率が5割に届く。

なお、海外に販売されるタネはキャベツ、トマト、ブロッコリー、ニンジン、レタス、キュウリ、メロン、タマネギなど国内同様の野菜や花きである。

日本の野菜のタネは外国産?

現在、日本の野菜のタネのほとんどは、海外で生産されている。「国産の野菜のタネが外国産である」と聞くと違和感を持つ人もいるかもしれないが、その最大の理由は「最適地の高品質なタネを、滞ることなく安定的に生産・供給するため」である。

もし、野菜のタネが気象災害や病気の発生など採種できなかったら、農家のみならず消費者の生活に多大な影響を与えかねない。そのような事態を避けるべく、日本の種苗メーカーは季節が反対である北半球と南半球の双方にそれぞれの種類ごとに最適な採種地を持つなどしてリスクの分散を行っている。

私たちが普段、何不自由なく野菜を入手できる背景には、日々野菜づくりに励む農家の努力はもちろん、種苗メーカーのこのような取り組みがある。

タネや苗のネット販売が増加

大手種苗メーカーのオンラインショップ。ネット限定のタネなどもある

日本種苗協会会員企業の海外拠点（現地法人など）

国名	企業数
韓国	5
中国	6
香港	1
タイ	3
フィリピン	1
インドネシア	2
インド	2
トルコ	2
EU（計6ヵ国）	9
アメリカ	3
南米（計4ヵ国）	6
南アフリカ	1
オーストラリア	1
ニュージーランド	1

データ：2014年4月（一社）日本種苗協会

世界のバイオメジャーの動向

バイオメジャーとは？

世界の種苗会社は、大きく2つに分類することができる。ひとつは純粋に種苗の研究開発を本業とする「種苗メーカー」で、日本最大手のタキイ種苗㈱や㈱サカタのタネなどがこれに該当する。

もうひとつが、医薬・農薬・化学肥料の開発・製造を本業とする「バイオメジャー」と呼ばれる大手化学系多国籍企業で、ダイズ・トウモロコシ・ナタネなどの穀物類について遺伝子組み換え品種を開発し、高いシェアを有している。

なお、世界における種子市場は現在約3兆円と推定されているが、そのうちの約2兆7000億円は穀物類である（野菜種子は約4000億円）。そして、近年、バイオメジャーの種苗会社買収による種子業の寡占化が世界的な問題となっている。

なぜ、寡占化が進んでいるのか？

バイオメジャーが世界中の種苗会社の買収を進めている理由は、彼らが〝世界最大手の農薬メーカー〟であることに深く関係しているともいえる。モンサント（アメリカ）、デュポン・パイオニア（アメリカ）、シンジェンタ（スイス）は、種苗市場において3社で約58％のシェアを占める種苗トップ3であるとともに、農薬市場においても同3社で約38％のシェアを占めている（2011年）。

これは何を物語っているのか？ たとえば、除草剤を自社でつくり、さらにその除草剤にだけ耐えられる遺伝子組み換え作物も自社でつくれば、それを栽培する農家は、耐性がある除草剤を使う以外に選択肢はない。つまり、種苗市場の独占が、そのまま農薬市場の独占にもつながるというわけだ。

タネを支配するものは世界を支配する

こうした種苗業界の寡占化の進展が、企業による農業、さらには企業による食料への支配力を強めることは言うまでもない。事実、韓国では国内の種苗大手5社がバイオメジャーの資本傘下におかれた結果、欧米では食べないダイコンなどの根菜類、ハクサイ他、キムチ用野菜の開発・育種ができなくなり、それは困るということで韓国財閥が韓国キムチ用野菜の事業権を買い戻すなどという事態も起こっている。

「タネを支配するものは世界を支配する」。アメリカではこの100年で野菜の品種の93％が失われたといわれているが、種苗業界の寡占化は、農作物の多様化を減少させる危険性もはらんでいる。

寡占化が進む種子業界

1997 年の種子会社の売上世界ランキング

	種苗会社名	その他
1位	パイオニア（アメリカ）	デュポンが買収
2位	ノバルティス（スイス）	シンジェンタに吸収
3位	リマグレイングループ（フランス）	バイエルと業務提携
4位	セミニス（メキシコ）	モンサントが買収
5位	アドバンタ（アメリカ、オランダ）	シンジェンタが買収
6位	デカルブ（アメリカ）	モンサントが買収
7位	タキイ種苗（日本）	
8位	KWS AG（ドイツ）	モンサントが共同開発
9位	カーギル（アメリカ）	モンサントと業務提携
10位	サカタのタネ（日本）	

2007 年の種子会社の売上世界ランキング

	種苗会社名	シェア
1位	モンサント（アメリカ）	23%
2位	デュポン（アメリカ）	15%
3位	シンジェンタ（スイス）	9%
4位	リマグレイングループ（フランス）	6%
5位	ランド・オ・レールズ（アメリカ）	4%
6位	KWS AG（ドイツ）	3%
7位	ハイエルクロップサイエンス（ドイツ）	2%
8位	サカタのタネ（日本）	2%
9位	DLF（デンマーク）	2% 以下
10位	タキイ種苗（日本）	2% 以下

遺伝子組換え種子を開発または販売する企業

2011 年の種苗＆農薬シェア トップ 10

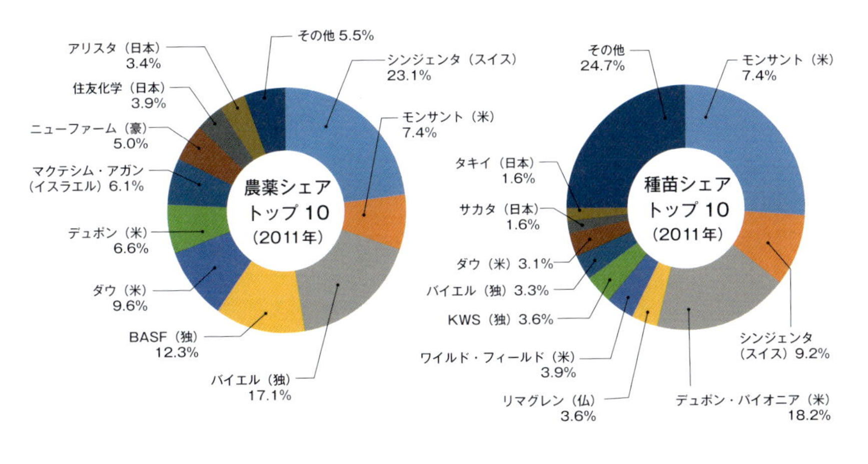

遺伝子組み換え技術の過去と現在

昔と今の技術の違い

人類は昔から、農作物の遺伝子の組み合わせを変える「掛け合わせ」（交配）によって品種改良を行ってきたが、近年よく耳にする「遺伝子組み換え」技術は、従来の技術とはまったく〝異質〟のものである。

まず大きく異なるのが、遺伝子組み換えは、従来の品種改良のように多様な遺伝子を保有する両親を丸ごと掛け合わせて交配を繰り返すのではなく、「特定の遺伝子のみを組み込む」という点だ（たとえば、味がよく乾燥に強い品種をつくる場合は〝味が良い品種〟に〝乾燥に強くなる遺伝子〟を組み込む）。

さらに、「組み込む遺伝子が類縁関係とはまったく無関係である」という点でも、従来の品種改良とは大きく異なる。従来の交配は、イネとイネなどの同じ種、または近縁の種同士で掛け合わせる必要があったが、遺伝子組み換えであれば、ホウレンソウの遺伝子を豚に組み込むことも可能だ。

遺伝子組み換え作物はどこでつくられている？

害虫抵抗性のトウモロコシやジャガイモ、除草剤耐性のダイズやナタネなどといった「遺伝子組み換え作物」（ＧＭＯ）は、アメリカやブラジル、アルゼンチンをはじめとした世界29カ国でつくられており、その作付面積は1億６０００万haに及んでいる（２０１１年）。

現在のところ、国内においてＧＭＯは商業的には栽培されていないが、ダイズやジャガイモなど食品8作物（１６９品種）とαーアミラーゼ、リパーゼなど添加物7種類（15品目）の販売・流通が認められている（２０１２年3月時点）。

健康への影響は大丈夫？

ＧＭＯは環境や食品に対する厳しい安全性の確認がなされている。ただ、たとえば海外でアレルギー性物質生成の疑い（スターリンクコーン）が指摘されるなど、未知のタンパク質の危険性が警告されている（スターリンクの場合、当該タンパク質は消化酵素で分解しにくいためにアレルギーを起こす可能性があるとされた）。また、ＧＭＯの消費量が非常に多いアメリカでは、ＧＭＯの出現とともにガン、白血病、アレルギー、自閉症などの慢性疾患が増加しているとのデータもある。

もちろん、この事実だけで有害性を断定するのは軽卒だが、遺伝子組み換えには大きな期待が持たれている一方で、まだ人類が制御しきれていない発展途上の技術であることも事実であろう。

遺伝子組み換え作物の作付面積トップ5（国別）

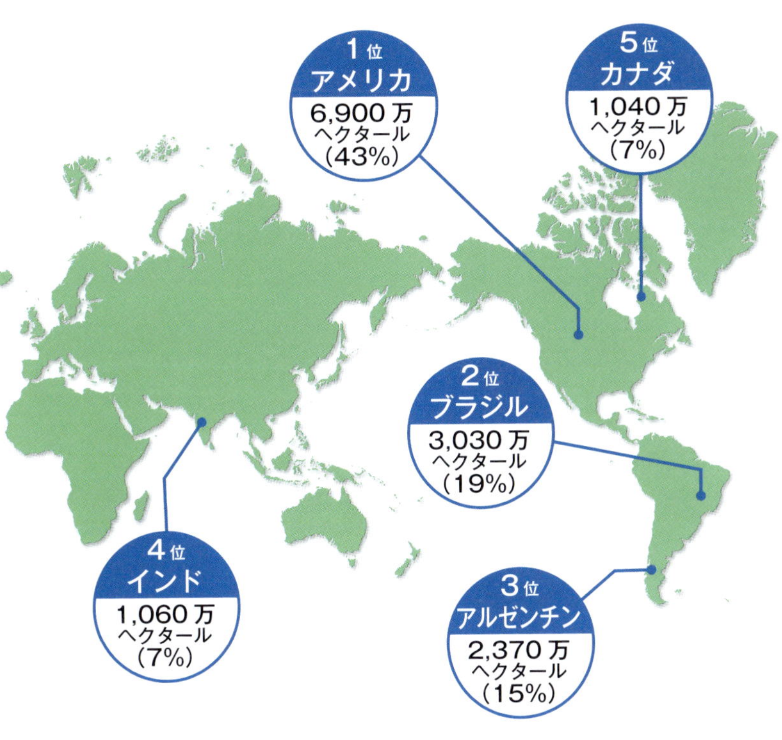

作物別トップ4

1	大豆	7,540万ha（47%）
2	トウモロコシ	5,100万ha（32%）
3	わた	2,470万ha（15%）
4	なたね	820万ha（5%）

出典：国際アグリバイオ技術事業団（ISSA調べ）

新しい品種改良技術

期待を背負う「ゲノム育種」

近年、農作物の品質低下や新規病害虫の発生・まん延など、温暖化の進行に伴うさまざま問題が生じており、これらの課題に対応するための技術の加速化が求められている。そうしたなかで注目を集めているのが、「ゲノム育種」である。

これは、作物の遺伝情報や遺伝子の機能、遺伝子間相互作用などを解明し、それらのゲノム情報を活用して効率よく品種改良を行う技術のこと。農業分野ではコメをはじめダイズ、トマト、カンキツ、ブドウなど、すでに36種の農作物についてゲノム情報が解読されている。なお、コメでは病気に強い遺伝子や粒が大きくなる遺伝子、暑さ寒さに強い遺伝子なども特定されており、こうした遺伝子を持った品種と味の良い品種を自然交配させ、目的の遺伝子が引き継がれたものだけを選抜するという効率的な品種改良が本格化しつつある。

〝生命の設計図〟を自由自在に編集

さらに現在は、ゲノム上のDNA配列情報を自在に書き換えることができる「ゲノム編集技術」も脚光を浴びている。

これは言うなれば〝生命の設計図を自由自在に編集できる〟技術であり、農作物の育種分野では、DNAの二本鎖切断による偶発的な塩基の欠失や挿入を誘導し、標的遺伝子を破壊することをねらった研究開発が主にすすめられている。標的遺伝子を〝ねらい撃ち〟で改良（変異誘導）することができれば、個体の交配・選抜を繰り返す従来の品種改良プロセスを劇的に効率化できる他、特定の不良形質を部分的に改良するデザイン育種も可能になる。

「ゲノム編集」技術は規制対象？

遺伝子組み換え生物の環境放出などを規制するカルタヘナ法（遺伝子組換え生物等の使用等の規制による生物の多様性の確保に関する法律）では、「細胞外で加工された核酸又はその複製物を有する生物」を規制対象としている。そのため、現状では導入遺伝子が残存しないゲノム編集作物がこの規制を受けるか否かは不明確な状況にある。また、ゲノム編集の標的遺伝子は、基本的に当該作物種に存在する既知の遺伝子に変異を誘導するため、それらの変異は既存品種にも存在するものであったり、将来同様のことが従来の育種技術でも起こりうる可能性がある。

このため、ゲノム編集作物に関しては遺伝子組み換え規制上の取り扱いが国際的にも議論になっており、この取り扱いの明確化と国際的な規制調和が今後の重要な課題といえる。

ゲノム育種で弱みを克服！

わが国初の短稈コシヒカリ型品種“ヒカリ新世紀”コシヒカリの倒伏しやすさを克服

コシヒカリ　　　　ヒカリ新世紀

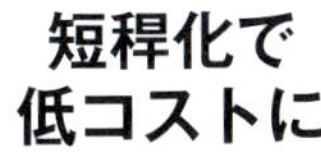

**大粒化で
多収性**

日本初の短稈コシヒカリ型品種「ヒカリ新世紀」。コシヒカリの倒伏しやすさを克服し、なおかつ大粒化で多収性も実現

写真提供：富田因則

品種改良と遺伝子資源

遺伝子は〝地球上の貴重な資源〟

野菜や花きの新品種の開発には、その基礎となる植物の遺伝子が必要不可欠である。また、野生植物や在来品種のなかには耐病性や不良環境に耐える遺伝子的性質を持ったものが多く、育種の素材として有用だ。そこで、在来品種、人為突然変異体を含む改良品種、近縁野生種、野生種を含む野生植物などの遺伝子を〝地球上の貴重な資源〟として捉え、保全していく必要があると考えられるようになった。

なお、それらの遺伝子資源の保全が叫ばれるようになった背景には、植物の栽培化や品種改良によって野生植物や在来品種の特性が失われていくことに対する危惧がある。

栽培化・改良によって失われた特性

植物の栽培化や品種改良技術の進展が野生植物や在来品種に与えた影響には、次のようなものがある。

①野生植物は種子が成熟すると、繁殖のために、さやが弾けて種子を飛散させるものが多い。しかし、このような特性は採種を行う場合には致命的な欠陥となるため、種子を飛散させない株が選抜されてきた結果、繁殖能力が低下している。

②野生植物の種子は、発芽を遅らせる物質を含んでいたり、厚い種皮を持っていたりするため、発芽が不揃いになる場合が多い。こうした生育の不揃いは急激な環境条件の変化による枯死や動物による食害を少なくするなどの危険回避の役割を持っているが、栽培作業を能率的にするために発芽や成熟が揃うように改良された結果、危険回避能力が低下している。

③野生生物は外敵から身を守るために、種子や茎、葉などの表面を硬い殻やとげ、毛などで保護しているものがあるが、それらは栽培管理の妨げとなるためなくしているものが多い。

④1950年代以降の品種改良技術の進展によってF1種の育成が急速に進んだ結果、在来品種の育成が放棄され、それらの遺伝子的性質の消滅を引き起こしている。

遺伝子資源保全の取り組み

このような危機感から、1960年代以降、在来品種や近縁野生種の探索、収集が広く行われ、有用植物の種子貯蔵庫の整備、在来品種の保護、生態系の保全などの対策が講じられるようになった。また、超低温による生殖質の貯蔵法や培養系による貯蔵法などといった貯蔵技術の研究も進んでいる。

利用の面では、これらの遺伝資材について行った各種の特性の評価の多くがデータベース化され、出版物やインターネットを通じて容易に閲覧できるようになっている。

とげのある野生植物

オニアザミ

イヌザンショウ

ノイバラ

クサイチゴ

海外での品種登録の必要性

●日本のイチゴ品種が、韓国に流出!?

2017年、日本のイチゴ品種の韓国への流出がニュースとなり、世間を騒がせた。農林水産省によれば、韓国のイチゴ栽培面積の実に9割以上が日本の品種をもとに開発した品種。栃木県の「とちおとめ」や農家が開発した「レッドパール」「章姫」などが無断持ち出しなどで韓国に流出し、韓国はそれらを交配させて「雪香(ソルヒャン)」「錦香(クムヒャン)」という品種を開発した。それらの品種はアジア各国への輸出も盛んで、韓国のイチゴ輸出量は日本を上回っている。

農林水産省は、日本の品種が流出していなければ韓国の品種も開発されず、輸出もできなかったと想定。日本が輸出できるものが韓国産に置き換わったとして試算した損失額は、最大220億円だったと発表した。また、品種登録できていれば品種開発者(育成者)が得られていたロイヤリティー(許諾料)は年間16億円だったと推計されている。

●進まぬ海外での品種登録

韓国にも品種登録制度はあるが、2012年までイチゴは保護対象になっていなかったため、流出前に日本側が品種登録できなかった。品種登録していれば、栽培の差し止めや農作物の廃棄を求めることができるが、登録していないためこうした対応策をとることができない。

国際ルールでは、植物の新品種は販売開始後4年までしか品種登録を申請できないため、速やかな出願が重要になる。しかし、育成者が申請料や手続きに負担を感じていることが課題になっている。

このニュースは、「日本の品種の品質の高さ」と「海外登録における課題」の両方を、あらためて浮き彫りにしたといえる。

日本のイチゴ品種「とちおとめ」

第9章 タネと苗を取り巻く制度

種苗法とは

種苗法の歴史

種苗法の起源は、1947（昭和22）年に制定された農産種苗法で、当時は敗戦により食料事情が逼迫していたため、優良種苗の品種改良を奨励して農業生産の安定化および生産性向上を図ることを目的としていた。

一方で、1961（昭和36）年に植物新品種の国際的な保護制度を定めた「植物の新品種に関する国際条約」（UPOV条約）が採択され、日本もその加盟前準備として1978（昭和53）年に農産種苗法の名称を種苗法と改め品種保護制度を導入。1982（昭和57）年にUPOV条約加盟国となった。ただ、日本加盟当初のUPOV条約は育成者の権利保護が十分なものではなかったため、同条約は1991（平成3年）に大改革が行われた。これに伴い、日本でも改定後のUPOV条約が発行された1998（平成10）年に種苗法が全面的に改正され、品種登録を受けた者が法律的権利である育成者権を有することを明確にし、UPOV条約に準じた登録要件、育成者権の存続期間などが定められた。

育成者権とは、登録品種の生産、増殖、販売などを独占する権利のことで、種苗登録により新品種を開発した人（育成者）に農林水産大臣から与えられる。これにより、登録した品種を無断で輸出、販売、増殖された場合には権利侵害賠償請求などをして権利を守ることができる。

なお、「他人が品種改良など試験や研究のために利用する場合」には育成者の権利は及ばないこととされている。また、「育成者から正規に譲り受けた種苗で農家が自分の農業経営の中で自家増殖して利用する場合」の多くは育成者の承認を得なくてもよいが、最近、知的財産権の保護強化のために政府により農家の自家増殖を禁止する品目が拡大されており、種苗会社が個別の契約で試験研究利用や自家増殖などの利用を制限するケースもあるので、注意して確認することが必要だ。

国内における品種登録の流れ

品種登録を行うには、願書、説明書、品種の写真などをつけて農林水産大臣宛に提出する。願書には登録を受けたい人の住所、氏名、登録する品種の種類や名称などを、説明書には登録したい品種がすでにある品種と「どこがどう違うか」などを記載し、登録するのが種子の場合は1000粒、菌株の場合は培養したものを試験管に入れて5本提出する。

一般的に品種登録は出願から1～2年ほどかかるが、出願後は「仮の育成者としての権利」が認められる。そして、新品種として正式に登録されれば、25年（果樹などの永年性植物は30年）の育成者権が与えられる。

品種登録の要件

区別性	公然知られた品種（既存品種）と重要な形質（植物体の大きさや色、形など植物の種類ごとに定められ告示されている。）で明確に区別できること。
均一性	同一世代でその形質が十分類似していること（同時に栽培した種苗からすべて同じものができる）。
安定性	増殖後も形質が安定していること（何世代増殖を繰り返しても同じものができる）。
未譲渡性	出願日から１年遡った日より前に、出願品種の種苗や収穫物を譲渡していないこと。外国での譲渡は、日本での出願日から４年（林木、観賞樹、果樹などの木本性植物は６年）遡った日より前に譲渡していないこと。
名称の適切性	品種の名称が既存の品種名称や登録商標と紛らわしいものでないこと。品種について誤認混同を招くおそれのないものであること。

権利存続中の登録品種件数（各年度末）

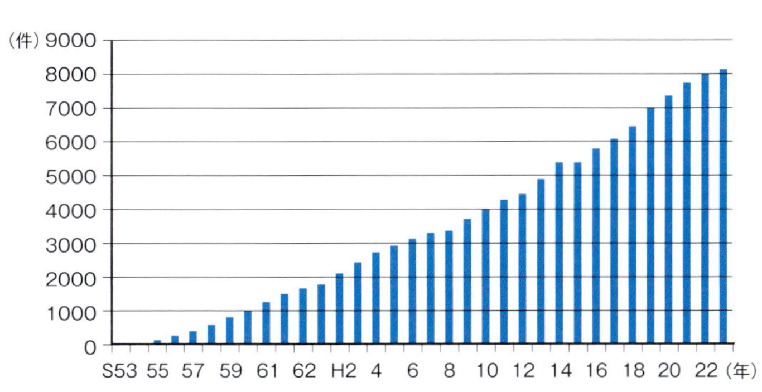

タネと苗を取り巻く制度

種苗管理センター

農研機構種苗管理センターとは？

種苗管理センターは、農林水産植物の品種登録に係る栽培試験、農作物の種苗の検査、ばれいしょおよびさとうきびの原原種の生産及び配布など、種苗の管理に関する業務を総合的に行う機関である。

当センターは、1986年（昭和61年）に、当時の農林水産省の馬鈴薯原原種農場、さとうきび原原種農場、茶原種農場および種苗課分室を再編統合して設立された。2001年（平成13年）に独立行政法人に移行し、2016年（平成28年）に研究開発の3法人と統合して農研機構の一機関となった。

当センターには本所（つくば市）のほか、全国に10農場と1分場が設置されている。

当センターでは、主に次のような業務を行っている。

①農林水産植物の品種登録に係る栽培試験・品種保護対策

出願品種が既存の品種と比較して新品種であるかどうかを国が審査するために必要な品種特性などのデータを得るための栽培試験を行っている。また、全国に品種保護Gメンを配置し、育成者の権利を保護するさまざまな活動を行っている。

②農作物の種苗の検査

市販されている種苗の表示や品質の検査を行い、種苗の適正な流通に資する取り組みを行っている。また、種苗業者などの依頼に基づき種苗の品質検査を行い、証明書を発行している。

③ばれいしょおよびさとうきびの原原種の生産・配布

ばれいしょおよびさとうきびについて、健全無病な原原種（元だね）を生産・供給している。

このほかに、農業生物資源ジーンバンク事業のサブバンクとして、栄養繁殖性植物の保存なども行っている。

種子の依頼検査

当センターは、国際種子検査協会からの認証を得て、種苗業者などからの依頼により、飼料作物を除く種子についての検査（発芽率、純潔度合、含水量、異種の粒数、病害および放射性物質濃度）と、その結果に基づく品質証明書（検査報告書および国際種子検査証明書）の発行を行っている。当センターが発行する品質証明書は、種子を取引きする際の品質に係る公的証明として使用されている。

育成者権の侵害対策

日本で品種登録された品種の育成者権が適切に保護されるよう、品種保護Gメンを配置し育成者権侵害に係る相談や品種類似性試験などを実施している。

種苗管理センターの主な業務

品種登録に係る栽培試験

UPOV条約および種苗法に基づき、知的財産権である「育成者権」付与の審査のため、品種登録の出願がなされた品種を実際に栽培し、既存の品種と比較しながら特性を調査し、試験結果を農林水産大臣に報告する。

農作物の種苗の検査

農林水産大臣の指示に基づき、流通段階の種苗について表示や品質に関する検査を実施する。

国際種子検査協会から認証を得て、種苗業者などの依頼に応じ、国際基準に基づく種子検査を実施、品質証明書を発行する。

さまざまな場面で役立っている種苗管理センターの業務

植物新品種の育成者権の保護・活用に関する支援を実施する。

○侵害に係る相談への助言
○侵害状況記録の作成
○証拠品保管のための種苗などの寄託
○侵害の有無の判断を支援するための品種類似性試験　など

品種保護Gメンによる育成者権の侵害対策

ばれいしょおよびさとうきびの種苗増殖の起点となる健全無病な原原種を、隔離環境での栽培管理と病害検査により生産し、安定的に供給を行っている。

ばれいしょおよびさとうきびの原原種の安定供給

植物新品種に関する国際条約

同盟の目的と役割

植物新品種保護国際同盟（UPOV）は、植物の新品種を各国が共通の基本的原則に従って保護することで、優れた品種の開発と流通を促し、農業の発展に貢献することを目的とした国際同盟である。1961（昭和36）年に政府間の国際会議がフランス・パリで開催され、1968（昭和43）年に発効した条約（UPOV条約）によって設立された（本部はスイス・ジュネーブ）。

その活動内容は大きくわけて、①品種審査の調和（植物新品種の審査に関して加盟国内の調和の達成のためのガイドライン作成や条約解釈などの法律的問題の検討および勧告）、②審査協力の推進、行政手続きの調和、情報交換およびその他の活動、の2つがあり、加盟国は2014年時点で72カ国。

「78年条約」と「91年条約」とは？

UPOV条約は、1978（昭和53）年と1991（平成3）年に大きな改正がされており（1978年の改正後条約を「78年条約」、1991年の改正後条約を「91年条約」と呼ぶ）、91年条約は、78年条約の内容よりも育成権者の強化、保護対象物の拡大などが盛り込まれている。特筆すべき違いとしては、78年条約では各国ごとに定められた「特定の植物」のみが保護対象だったのに対し、91年条約では「全植物」が保護対象になっている点である。

ただ、問題なのは、ひと言で条約締結国と言っても、91年条約を批准している国と、91年条約には批准せず78年条約にとどまっている国の2種が存在することだ（これが78年条約、91年条約と呼び方を区別する理由になっている）。

日本は91年条約に批准しており、全植物を保護対象としているが、すべての条約締結国が全植物を保護対象としているわけではないので注意が必要だ。

アジア進出の際は十分に調査を！

アジアにおいては、UPOV条約に加盟している国が日本、韓国、中国、シンガポール、ベトナムの5カ国のみと少なく（2014年時点）、なおかつ、保護対象植物も拡大途上で、日本から出願することができない植物が多くある。「海外で無断増殖されてしまった」「時間と労力がムダになってしまった」などという事態を防ぐためにも、登録品種の海外輸出や海外出願の際には、対象国がUPOV条約に加盟しているか否かはもちろん、91年条約と78年条約のどちらを批准しているのかも十分に調査しておく必要がある。

78年条約と91年条約の違い

	78年条約	91年条約
保護対象植物	24種以上（各国による違いあり）	全植物
未譲渡要件	出願国で譲渡した後に出願しても品種保護を受けられない（ただし、各国の裁量により最長1年間の猶予期間を設けることが可能）	出願国で譲渡した後、1年以内に出願すれば品種保護を受けられる
育成者権の効力の及ぶ範囲（種苗）	以下の行為は許諾が必用 ・販売目的の生産 ・販売の申出 ・販売	以下の行為について許諾が必用 ・生産 ・調整 ・販売の申出 ・販売その他の商業譲渡 ・輸出 ・輸入 ・上記行為のための保管
育成者権の効力の及ぶ範囲（収穫物）	種苗以外の用途のため販売された観賞用植物が種苗として利用された場合、それによって作られた観賞用植物の販売につき権利行使可能	種苗の段階で権利行使する合理的な機会のなかった場合、収穫物にも権利行使可能
育成者の効力の及ぶ範囲（直接の生産物）	規定なし	各国の裁量で権利行使する合理的機会のなかった場合、収穫物に対しても育成者権の効力が及ぶ
育成者権の効力の例外	規定なし	各国の裁量で、農家の自家増殖について、育成者権の効力の例外とすることが可能
育成者権の存続期間	登録から15年（永年性植物は18年）	登録から20年（永年性植物は25年）
特許他の保護制度を併用した2重保護の可否	不可	可能

ジーンバンク

ジーンバンクとは?

新しい品種や食料の開発には、その基礎となる生物が必要不可欠である。つまり、生物遺伝資源は農林水産業や食品産業などの技術開発の〝本〟であり、〝人類共通の財産〟でもある。しかし、近年は開発途上国における遺伝資源の収集が困難になり、環境悪化、熱帯林の急速な減少、砂漠化の進行などにより、遺伝資源が減少し減失の危機にさらされている。

遺伝資源は一度失ってしまうと二度と同じものを手に入れることができないため、このような貴重な財産を次世代に引き継ぐためには遺伝資源を収集・保存・配布する必要がある。それらの業務を総称して「ジーンバンク」と呼ぶ。

日本におけるジーンバンクの役割

日本のジーンバンク事業では、人類がこれまで数千年にわたってつくり上げてきた多様な国内外の在来種などを収集・保存して作物や家畜などの農業生物の品種改良に役立てる全国的な仕組みが構築・運営されている。

具体的な活動には、以下のようなものがある。

①**探索収集**：国内やアジアをはじめとした海外の研究機関との協力により、世界各地に残る遺伝資源（植物・微生物・動物）の計画的な収集・導入

②**分類・同定・特性評価**：専門家による分類・同定や特性評価を行い、遺伝資源のさらなる有効利用を図る

③**情報・遺伝資源の提供**：探索収集、導入、特性評価、保存などから得られた知見を元にしたデータベースの構築およびインターネットを通じた配信

④**保存**：配布用と長期保存用に分類し、遺伝資源が活力を失わないよう用途や種類に応じた方法で貯蔵

アジア植物遺伝資源プロジェクトと民間との協力

農研機構遺伝資源センターでは、平成26年度から農林水産省委託プロジェクト研究「海外植物遺伝資源の収集・提供強化」を受託し、現在、ベトナム、ラオス、カンボジア、ミャンマーおよびネパールの五カ国と二国間共同研究協定を締結し、海外の新たな植物遺伝資源の導入や、それら遺伝特性の解明などに取り組んでいる。

また、農研機構遺伝資源センターと（一社）日本種苗協会との間で共同研究協定を締結し、ジーンバンクに所蔵されている海外から導入した野菜等植物遺伝資源の遺伝特性の評価や、育種素材としての種子の増殖、前記プロジェクトの下での海外遺伝資源の共同探索などについて協力して取り組むことを確認している。

アジア植物遺伝資源プロジェクト（Plant Genetic Resources in Asia）

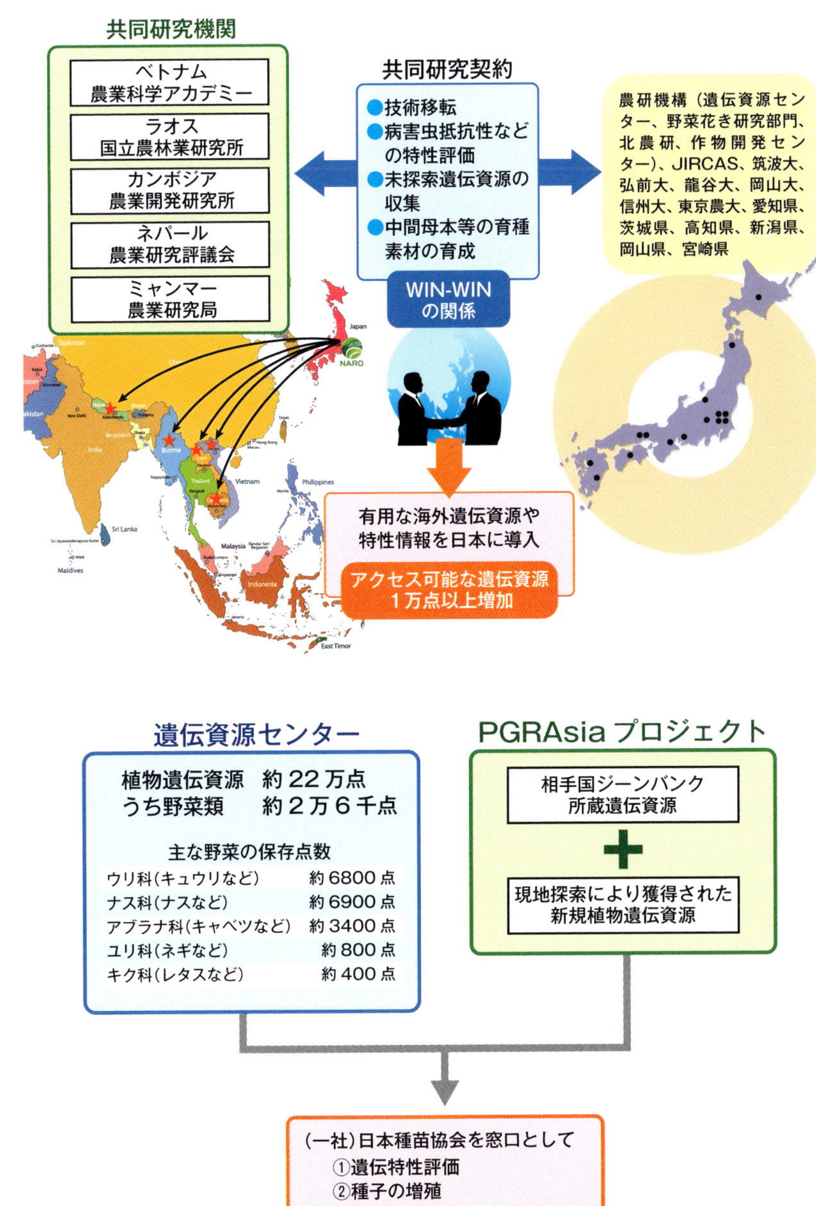

遺伝資源センターと（一社）日本種苗協会との連携

生物多様性条約
（Convention on Biological Diversity〔CBD〕）

条約採択の背景と目的

多様な遺伝資源は、農産物や医薬品などを生み出す本としての直接的価値と、地球環境保護や安らぎを与えてくれる物としての間接的価値の両面において人類の暮らしを支えている。しかし、20世紀後半以降、拡大した人間活動によって野生生物種の絶滅や生態系の地球規模の衰退が過去にない速度で進行したことに伴い、その原因となっている生物の生息環境の悪化および生態系の破壊に対する懸念が深刻なものとなった。

このような事情を背景に、1992（平成4）年5月にケニア・ナイロビで開かれた国連環境計画（UNEP）の会合において採択されたのが「生物多様性条約」である。

この条約は、①生物多様性の保全、②生物多様性の構成要素（生物資源）の持続可能な利用、③遺伝資源の利用から生ずる利益の公正かつ衡平な配分、の3つを目的としており、1992年6月にブラジル・リオネジャネイロで開催された通称「地球サミット」において、日本を含む157カ国が条約加盟の署名を行った。

従来の保護条約とのちがい

生物多様性条約の特徴は、絶滅危惧種の保護や特定生物の取引に関して定めたワシントン条約や、水鳥の生息地である特定の湿地に関することを定めたラムサール条約など「特定の生物」や「特定の行為」、「特定の生息地」にスポットをあてた従来の保護条約とは異なり、地球上のあらゆる野生生物の多様性を総合的に保全することを目的としている点である。

また、生物の持続可能な利用の範囲には、それを構成している背景の保全も含まれているため、利用に関する伝統や文化的な慣行の保護と推奨についても規定が設けられている。

締約国には、この目的を果たすための国家戦略や国家的な計画を作成して実行することが義務づけられている。

生物多様性条約と種苗業

生物多様性条約は、種苗業においても大きな意義を持っている。というのも、遺伝資源は多様性があって初めて価値があるからだ。たとえば、改良種ばかりが普及すると限られた少数の品種しか残らず、次代の品種をつくる素材まで失われてしまう。また、遺伝資源については、あらかじめ提供国の同意を得た上で利用し、得られた利益は提供国に還元することが求められるようになったため、いわゆるプラントハンターのような行動は認められなくなった。

人類の活動が生物多様性に与える影響の例

20 世紀後半から絶滅速度が激増

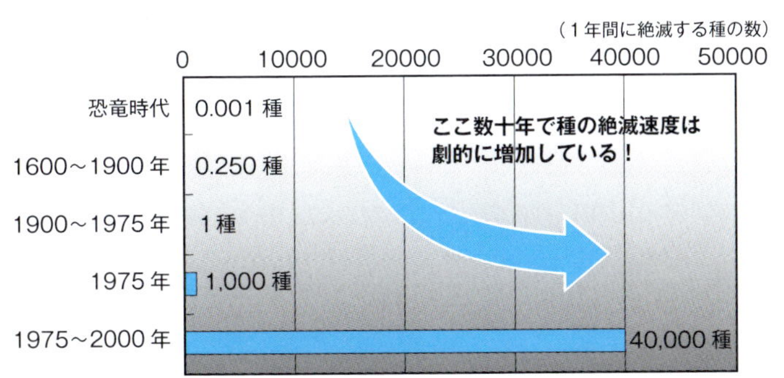

出典：平成 22 年版環境白書・循環型社会白書・生物多様性白書（2010 年）（環境省）

名古屋議定書

名古屋議定書とは?

名古屋議定書は、2010(平成22)年に愛知県名古屋市で開催された生物多様性条約第10回締約国会議(COP10)で採択された、遺伝資源を提供する側と利用する側との利益分配に関する国際的な枠組みを定めた取り決めである。

生物多様性条約をめぐる対立

遺伝資源の利用から生ずる利益の公正かつ衡平な配分については、生物多様性条約で「遺伝資源の主権的権利は当該遺伝資源が存在する国が有する」ことが確認され、①遺伝資源の取得・利用にあたっては、当該遺伝資源が存在する国(提供国)と利用者間での同意が必要、②遺伝資源の利用から生じる利益は相互に合意する条件で分配する、ことが基本原則として規定されている(遺伝資源へのアクセスを提供国側の国内法などで規制することが可能となった)。

ただ、原則は規定されているものの具体的な措置は各締約国の裁量に任されており、また、提供国は主に途上国であるため、遺伝資源の取得に関するルールが確立されていない国が多かった。ゆえに、生物多様性条約発効後も、提供国(途上国)側は「先進国企業の不正な遺伝資源の取得が依然として行われ、利益配分が十分担保されていない」と、法的拘束力のある国際的な枠組みの必要性を主張。一方で利用国(先進国)側は「提供国が国内法などで遺伝資源へのアクセスルールを明確化すべき」と主張し、意見が対立していた。

採択の背景と、その特徴

COP10開催中も、「利益配分を過去にさかのぼって適用するか否か?」「利益配分の対象に遺伝資源から派生した生産物(派生物)も含むか否か?」「監視機関(チェックポイント)を設置するか否か?」など複数の大きな論点をめぐって提供国と利用国との間に深い対立が続いた。しかし、最終日に議長案によって妥結し、名古屋議定書の採択に至った。

同議定書では、提供国に対して遺伝資源の取得に関するルールを国内法令などで整備して生物多様性条約事務局のウェブに設置される情報交換センターに公開することが義務づけられた一方、利用国に対しても、自国の管轄下で利用される遺伝資源が提供国の法令などに従ってアクセスや利益配分における同意と合意が得られた(適切にアクセスされた)ものであることをモニタリングする遵守措置を設けることが義務付けられた。このように、提供国と利用国の双方に義務を課したことが、名古屋議定書の特徴である。

従来の規定と、名古屋議定書の特徴

生物多様性条約（従来の規定）

①利用者は提供国の「事前の情報に基づく同意（PIC）」を取得、提供者と「相互に合意する条件（MAT）」を設定した上で、遺伝資源を利用

②その商業的利用から生じた利益や研究成果を、MATに基づいて提供国に配分

③遺伝資源を育む生物多様性の保全や持続可能な利用に貢献

提供者
原住民社会・地域社会（ILC）を含む

PIC
MAT
利益配分

利用者
企業、大学など

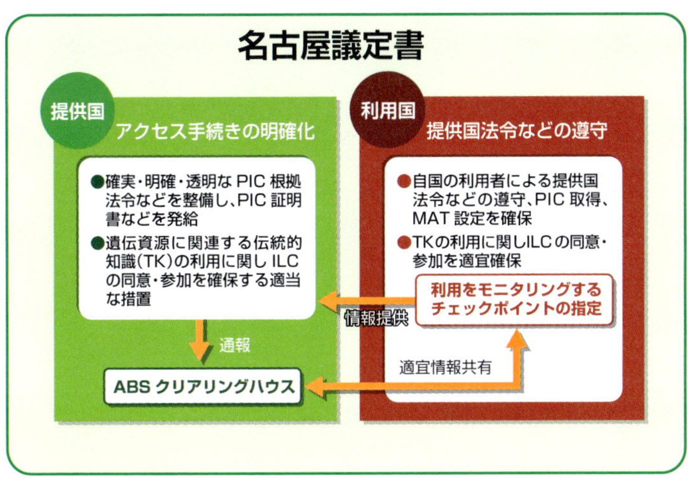

食料・農業植物遺伝資源条約

(International Treaty on Plant Genetic Resources for Food and Agriculture〔ITPGRFA〕)

食料・農業植物遺伝資源条約とは？

食料・農業植物遺伝資源条約は、2001（平成13）年にイタリア・ローマで開催された第31回国連食糧農業機関（FAO）総会で採択された国際条約である。

この条約では、食料および農業のための植物遺伝資源の保全および持続可能な利用と、その利用から生ずる利益の公正かつ衡平な配分を目的として、締約国による措置（資源の調査・目録の作成、持続可能な利用の促進など）が規定され、「多数国間の制度」が定められた。

採択に至るまでの経緯

FAO総会は、「植物遺伝資源は人類の遺産であり、その所在国のいかんに関わらず世界中の研究者などが制限なく利用することができるようにすべきである」との考えのもと、1983（昭和58）年に植物遺伝資源に関する国際的申合せを採択している。そして、この国際申合せに基づき、FAOは世界各国から収集した遺伝資源を大量に保有している国際農業研究センターと取り決めを結んだ上で、内外の研究者に対して保有する遺伝資源の提供を行ってきた。

一方、1993（平成5）年に採択された生物多様性条約では、各国が自国の遺伝資源に対して主権的権利を有することが確認され、遺伝資源の取得の機会の提供は当該遺伝資源が存する各国の国内法令に従うことが決定。それに伴い、国際的申合せに基づく無制限の植物遺伝資源の提供が、この原則に「矛盾しているのではないか？」と指摘されるようになった。

このような矛盾を防止（解消）するため、1993年のFAO総会において、国際的申合せを生物多様性条約との調和を図りつつ見直すことが決議された。そして、その後の見直しの過程において「食糧および農業のための植物遺伝資源の取得の機会の提供については、その存する国の国内法令に基づく個別の合意を不要」とし、生物多様性条約の特則を定める必要があると判断されたことから、生物多様性条約と同様、法的拘束力を有する条約の採択に至った。

条約締結国および締結の意義

食料・農業植物遺伝資源条約には、日本を含む139カ国および欧州連合（EU）が締結している（2016年7月時点）。この条約の締結は、植物遺伝資源の保全や利用に関する国際協力を一層推進すると同時に、日本国内の作物育種の推進にも資している。

食料・農業植物遺伝資源条約で設立された「多数国間の制度」

―― 植物遺伝資源の公正かつ衡平な利益配分のための仕組み ――

対象となる作物

35種類の食用作物
（にんじん、バナナ、稲、小麦など）

81種の飼料用作物
（マメ科、イネ科などの飼料用作物）

※締約国の管理・監督の下にあり、かつ、公共のものを全て含める

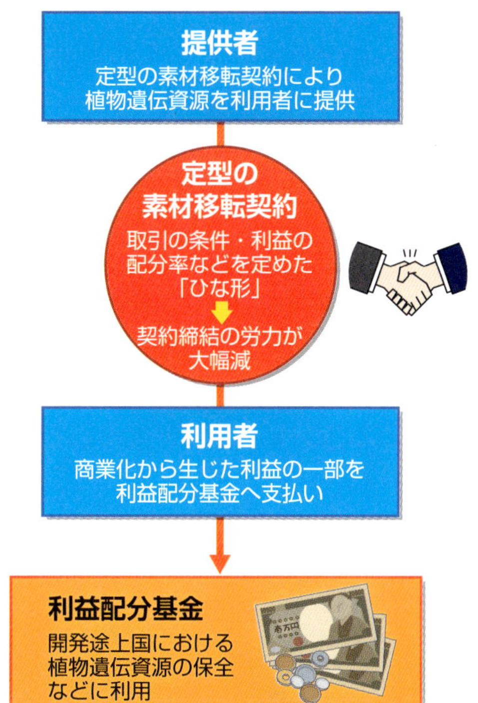

利益配分基金

開発途上国における植物遺伝資源の保全などに利用

国際植物防疫条約
(International Plant Protection Convention〔IPPC〕)

国際植物防疫条約とは？

1952（昭和27）年に発効した国際植物防疫条約は、植物に有害な病害虫が侵入・まん延することを防止するために加盟国が講じる植物検疫措置の調和を図ることを目的としている。本条約の前文で「締約国は植物及び植物生産物に対する有害動植物の防除並びにその有害動植物の国際的なまん延の防止、特に危険にさらされている地域への有害動植物の侵入の防止における国際協力の必要性を認識し（以下略）」と明言されているように、国境を越えて侵入・まん延する病害虫を適切に切除するためには一国だけの取り組みでは不可能であり、国際間での協調した取り組みが必要不可欠だ。

このため、本条約では締約国が遵守すべき植物検疫措置に関する国際基準が策定されており、2011年までで30本を超える国際基準が締約国によって採決されている。

なお、本条約には183の国と地域が加盟しており（2017年2月時点）、日本も発足以来の締約国である。

国際基準「種子の国際移動（ISPM38）」

種子は、世界的に品種開発、採種、品質管理・調製、販売の各段階で分業化や国際化が進み、ひとつの品種の種子が何度も国境を越えて流通する商品となっている。このため、各国の植物検疫措置の国際的な調和が大きな課題と認識され、WTO・SPS協定上の国際基準として取り扱われる国際植物防疫条約上の国際基準（International Standards for Phytosanitary Measures〔ISPM〕）として種子に対する植物検疫措置の共通的な事項を定める必要性が指摘されてきた。このような状況を踏まえて、2010年3月に開催された国際植物防疫条約の総会において国際基準の検討を行うことが決定され、同条約の基準委員会およびその下に設置された専門家部会において国際基準案の検討が行われてきた。その後、条約加盟国への国際基準案の協議を経て、ようやく2017年4月に韓国の仁川で開催された総会において38番目の国際基準として「種子の国際移動（ISPM38）」が採択された。

ISPM38においては、種子についての病害虫リスクアナリシス（PRA）において検討すべき事項や、輸入検査・消毒手法などが定められており、本条約加盟国はこれに従って種子に対する植物検疫措置を設定することが求められることとなった。

日本における輸入植物検疫の流れ

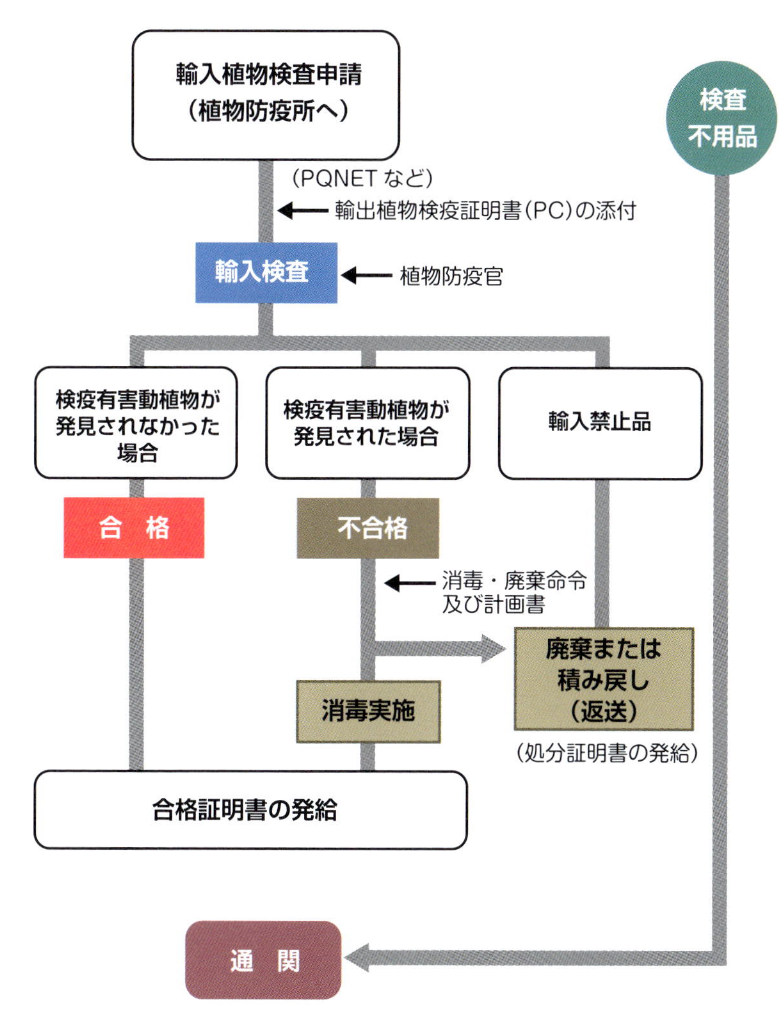

タネと苗を取り巻く制度

種苗関係内外組織

国際種子連盟

国際種子連盟（ISF）は、2002（平成14）年に国際植物品種保護育種家協会（ASSINSEL）と国際種子防疫連合（FIS）を一本化して発足した種苗産業を代表する非政府機関、非営利団体。国際的な種苗産業の発展、防疫の促進、品種権利の保護、国際種子健全化などを使命に、世界の種子取引や植物育種者のコミュニティなどに中心的な役割を果たしている（会員である参加国は76カ国を超える）。

なお、国際種子連盟が毎年開催する総会では、会員と種子業者が出席し、育種取引や育種に関する情報交換や将来に対する対応、戦略的な思考、一般的な事項の協議採択などが行われている。日本からは、同連盟の会員である日本種苗協会傘下の種苗業者が参加している。

アジア・太平洋種子協会

アジア・太平洋種子協会（APSA）は、アジア太平洋地域における高品質種子の生産と取引を促進することを目的として、国連食糧農業機関（FAO）により1994（平成6）年に設立。地域的な種子協会としては世界最大の組織である（事務局はタイ・バンコクに置かれている）。

各国の種子協会や民間種苗会社、行政機関などで構成されており、その会員数は約500社（団体）にのぼる（2008年時点）。国別には、中国、インド、日本の順に会員数の上位を占めており、オーストラリアやニュージーランドといったオセアニア地域からも加入している。

国内における組織

植物品種保護戦略フォーラムは、「植物品種育成者権等の知的財産権保護に関心のある企業・団体等が相互協力・連携推進を図り、また、政府とも連携し、一体となって侵害対策を含めた具体的な活動を行い、もって植物品種育成者権の保護促進に寄与する」ことを目的として、植物品種育成者権侵害対策や活用に関する活動を行っている組織である。

約180団体（個人）の会員によって構成されており、具体的な活動内容としては、①品種保護制度と知的財産、種苗産業に関する施策、植物遺伝資源などをテーマとした講演会の開催、②メーリングリストを通じたフォーラム関係者への情報提供、③登録品種の統一表示マーク（PVP）の普及に向けた活動、④地域経済活性化につながる植物新品種の産業化の促進するための、関連情報の情報交換や共同研究の推進、などがある。

アジア・太平洋種子協会の活動一例

APSA 神戸大会（ASC20B）の会場の様子

植物品種保護戦略フォーラムの活動一例

フォーラム講演会の様子

図　ＰＶＰマークの使用例

1. 登録品種（表示スペースがある場合）

PVP

登録品種名：日本一
登 録 番 号：第123456号
品種登録者：(株)日本種苗

2. 登録品種（表示スペースが少ない場合）

日本一

3. 品種登録出願中（仮保護期間中）（表示スペースがある場合）

PVP

品種登録出願中

出願品種名：日本一
出 願 番 号：第123456号
出　願　者：(株)日本種苗

4. 品種登録出願中（仮保護期間中）（表示スペースが少ない場合）

PVP

日本一

〔　PVP マークの使用法　〕
●4つのマークから選んでご使用ください。
●マークの大きさ及び色については制限はありません。

図　ＰＶＰマークの説明文例

このマークは種苗法の登録品種(登録出願中)を表示するマークです。

　このマークの付いている種苗を、育成者の許諾なく業として利用(増殖、譲渡、輸出入など)する行為は、損害賠償、刑事罰の対象となる場合があります。

※PVP : Plant Variety Protection(植物品種保護)の略

登録品種表示マーク（PVPマーク）について

●ＰＶＰマークの目的

わが国の植物品種保護制度や植物品種育成者権に関する正しい理解と普及啓発を進めるとともに、育成者権の侵害を未然に防止することを目的として、種苗関係４団体（(一社）日本種苗協会、(一社）日本果樹種苗協会、(一社）日本草地畜産種子協会および（公社）農林水産・食品産業技術振興協会）が、植物新品種保護（Plant Variety Protection）の略称に基づくＰＶＰマークを商標登録して使用している。

●ＰＶＰマークの使用方法

わが国の種苗法に基づき保護されている「登録品種」および「登録出願中（仮保護期間中）の品種」の種苗、その種苗から得られた収穫物、政令で定める加工品について、種子袋、セルラベル、カタログ、パンフレット、段ボール箱、インターネットなどでの表示に、左の４つのマークから選んで使用する。

マークの大きさおよび色については制限しない。

●ＰＶＰマークの使用者

団体商標権を持つ４団体（(一社）日本種苗協会、(一社）日本果樹種苗協会、(一社）日本草地畜産種子協会および（公社）農林水産・食品産業技術振興協会）および商標登録に協力した２団体（全国食用きのこ種菌協会、全国新品種育成者の会）の構成員は、ＰＶＰマークを使用することができる。この６団体の構成員以外であっても、利用希望者は（公社）農林水産・食品産業技術振興協会宛に「使用申込」を行い、「登録品種表示マーク使用要領」に従ってＰＶＰマークを使用することができる。

●ＰＶＰマークの使用期間

（１）「登録品種」については、品種登録期間中について使用できる。当該品種が登録品種でなくなった場合には、直ちに使用を取り止める。

（２）「品種登録出願中（仮保護期間中）の品種」については、出願公表期間中について、使用できる。当該品種の出願を取り下げた場合には、直ちに使用を取り止める。

（３）印刷・発行済みのカタログなどへの（１）および（２）の適用については、印刷・発行時期を明示することなどにより利用者に正確な情報が提供されている場合には、この限りでない。

表　日本種苗協会の主な歴史

年　次	事　　項
昭和 27（1952）	前身の全国種苗業者連合会（任意団体）創立
昭和 48（1973）	社団法人日本種苗協会設立
昭和 52（1977）	種苗管理士制度発足
平成 3（1991）	ＦＩＳ（ＩＳＦの前身）東京大会開催
平成 10（1999）	シードアドバイザーカードの発行開始
平成 12（2001）	ＡＰＳＡ幕張大会開催
平成 15（2003）	組織再編と定款変更
平成 24（2012）	一般社団法人に移行認可
平成 25（2013）	ＡＰＳＡ神戸大会開催
平成 28（2016）	部会・委員会の再編

図　日本種苗協会の組織図

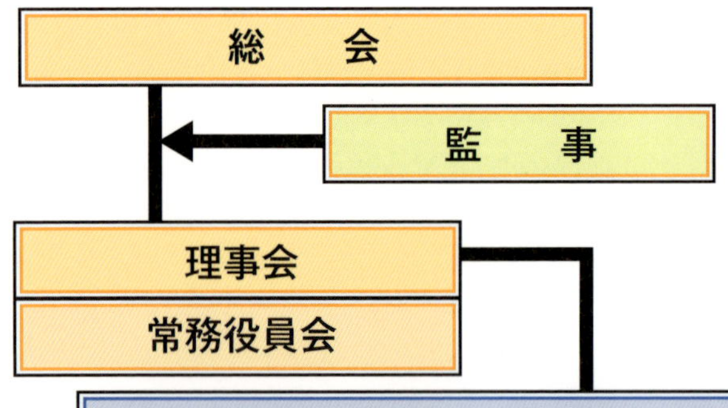

一般社団法人 日本種苗協会について

●沿革

わが国の種苗会社による業界団体として昭和27年に創立した全国種苗業者連合会を前身として、昭和48年に「わが国園芸農産物等の生産性向上と供給の安定化、並びにそれらの優良種苗の普及に寄与するため、園芸種苗等を取り扱う者の総合的な団体として設立する」と宣言して社団法人日本種苗協会が設立された。その後、公益法人改革に伴い平成24年に一般社団法人に移行した。

●協会の目的・活動内容

日本種苗協会の目的は、定款第3条において「園芸農作物の種苗に関する民間の品種改良の促進、園芸種苗等の生産改善、優良品種の円滑な流通及び国際交流の発展を図ることにより、わが国園芸農作物等の生産の振興に資し、もって国民生活の改善に寄与することを目的とする。」とされている。

活動内容は多岐にわたるが、事項別には概略以下のとおりとなっている。

- 園芸種苗などの生産および流通の改善に関する調査研究並びにその成果の普及
- 「食育推進プロジェクト」による健全な食生活の継承並びに「花育」による豊かな生活環境の整備
- 全日本野菜品種審査会・全日本花卉品種審査会の開催による、優良な園芸種苗などの普及促進
- 民間育種の助長および種苗登録品種に関する権利の保護・活用
- 採種用原種の遺伝資源の維持および向上
- 官公立試験研究機関の育成した園芸種苗などの適正な配分への協力
- 品種命名基準の作成および品種名称の整理
- 種苗管理士制度の充実強化による種苗管理士（シードアドバイザー）の資質向上
- 災害対策用種子の備蓄および流通種子の交換
- 国際種子機構（国際種子連盟（ＩＳＦ)、アジア太平洋種子協会（ＡＰＳＡ）など）との連携による国際交流の活性化
- 園芸種苗などに関する資料や会報「種苗界」の発行

●協会の会員など

会員は、種苗メーカー（品種開発・種苗生産)、卸または小売業者（平成29年4月現在会員数：1059社）で、内部組織としては5つの専門部会と8つの委員会があり、全国各地方に協力団体として9つのブロック会、45都道府県支部会がある。

図　活動のイメージ（出張授業）

図　出張授業用スライド例

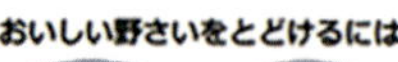

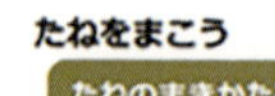

食育推進プロジェクト

●趣旨

これまでに取り組まれている「食育」の多くは、主に『食の消費面』に焦点を当てた活動となっているが、真の意味での「食育」を推進するためには、食のバックグラウンドとなる『食の生産面』に焦点を当てた取り組みが必要である。

食の原点である種苗を取り扱う業界として、この様な考え方に立ち、タネまきから収穫までの一連の栽培体験を通じて、生命を育むことの大変さと喜び、食べ物に対する感謝の心を醸成する「食育」に取り組んでいる。

今後はさらに、「食に命を感じる」に焦点を当てた食育活動の推進を図ることとしている。

●活動内容

・地方伝統野菜などの栽培・調理体験学習

子供たち自身が野菜を栽培、収穫、調理して食することで、「食」を自ら育み食することの楽しみと喜びを伝える。

また、教材として地方伝統野菜を取り上げ、地域の食文化伝承にも貢献する。

・対象

全国小学校 100 校程度（中・高学年小学生 約 10,000 名程度）

・実施時期

春：果菜類・・・平成 21 年 4 月～ 7 月

秋：根菜類・・・平成 21 年 9 月～ 12 月

※内容については各学校の状況や要望をできるだけ考慮して実施。

●活動実績（全国計：年度別学校数及び生徒数）

年度	学校数	生徒数	年度	学校数	生徒数
平成２１	９８	14,475	平成２５	８２	12,548
２２	１０９	10,510	２６	１１６	14,893
２３	８９	14,675	２７	１０２	16,335
２４	１０７	10,944	２８	１３８	17,035

表　実施状況

	全日本野菜品種審査会				全日本花卉品種審査会			
年次	回	品目数	出品点数	審査員数	回	品目数	出品点数	審査員数
2006	57	10	207	178	52	10	207	178
2007	58	12	253	246	53	12	253	246
2008	59	12	194	196	54	12	194	196
2009	60	11	173	164	55	11	173	164
2010	61	12	233	208	56	12	233	208
2011	62	12	211	198	57	12	211	198
2012	63	10	210	233	58	10	210	233
2013	64	12	240	231	59	12	240	231
2014	65	13	281	231	60	13	281	231
2015	66	11	292	206	61	11	292	206
2016	67	9	215	186	62	9	215	186

図　審査の様子

全日本品種審査会

●沿革

日本の野菜生産は、昭和 22 ～ 25 年に行われた農地改革の効果により昭和 26 年には第二次世界大戦前の野菜生産量を上回るまでに回復し、作付面積も増大傾向となっていった。このような状況の中で、種苗業界内では種子の純度や品質の向上方策が熱心に話し合われるようになり、その結果、全国規模で野菜の「原種コンクール」を実施することとなり、昭和 25 年に第 1 回の「全日本蔬菜原種審査会」が平塚の農技研と大野試験地で開催された。

その後、昭和 30 年からは「全日本花卉審査会」も開催されるようになり、野菜品種のＦ１化の進展も踏まえて、実質的に品種審査会（品種コンクール）に内容が変化した。このような状況を受けて、名称も平成 19 年から「全日本野菜品種審査会」、「全日本花卉品種審査会」と改められ、現在に至っている。

両審査会は、わが国の種苗業界における新品種の創出競争を刺激するとともに、創出された品種の優秀性や有用性を第三者が評価できる場を提供したことで、高く評価されている。

●実施体制

・全日本野菜品種審査会

技術研究委員会において毎年の審査会実施計画（実施品目、実施場所等）を作成した上で参加募集を行い、参加企業から提出された種子の品種名を伏せて審査会実施場所となった公的な試験研究機関に送付し、栽培比較試験を依頼する。審査は栽培中の生育状況や収穫物の収量・品質などを審査項目として定め、国立研究開発法人農研機構の研究者を審査長として、公立試験研究機関、技術研究委員会の代表委員などが採点を行い、その結果を集計して審査結果とする。品種名は、審査結果が確定した段階ではじめて明らかにする。

・全日本花卉品種審査会

花き・栄養繁殖性植物部会において毎年の審査会実施計画（実施品目、実施場所など）を作成した上で参加募集を行う。栽培比較試験の実施から審査に至る過程は野菜の場合と同様である。

●農林水産大臣賞

毎年、１年間の各品目の審査において最高得点で１等・特別賞となったものの中からさらに選考を行い、特に優秀と認められるものについては農林水産大臣賞が授与されている。

図　シードアドバイザーカード（表面様式）

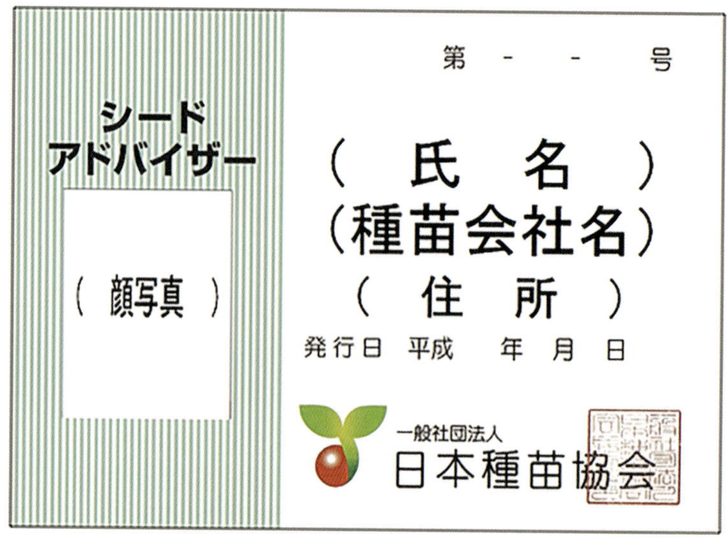

図　シードアドバイザー店頭表示

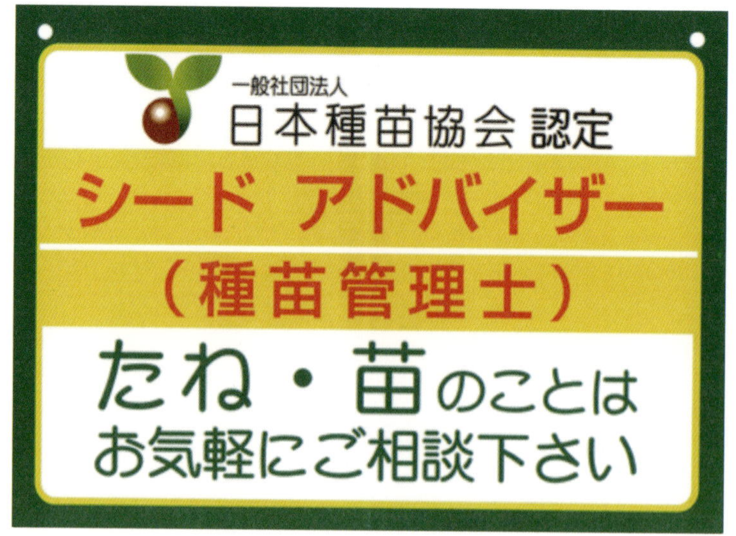

種苗管理士（シードアドバイザー）

●種苗管理士とは

種苗の流通および販売に当たって、種苗に関しての正しい知識を持つことは、種苗取引に問題を生じないようにするだけではなく、種苗業界の社会的責任を果たす上でも重要になっている。

このため、種苗業界全体の信用を高め、種苗業界の発展に寄与することを目的として、一般社団法人日本種苗協会（日種協）に所属する種苗会社の職員が種苗に関する正しい知識を身につけるための制度として、「種苗管理士」の制度が昭和 52 年に発足した。

日種協および日種協各都道府県支部が行う試験に合格すると「種苗管理士合格者」として認定され、その中から各社 1 名に限り「種苗管理士」として認定される。

また、「種苗管理士」を含む「種苗管理士合格者」には「シードアドバイザー」の資格を付与し、「シードアドバイザーカード」が交付される。

●種苗管理士の受験資格

種苗管理士認定試験の受験資格は、以下の条件を全て満たす者となっている。

（1）所定の会費を完納の日種協正会員、又は正会員の経営する種苗取扱商社に勤務する者

（2）種苗業に 5 年以上従事した者

（3）業界指導者や専門技術者による種苗管理講習会を 1 回以上受講した者

●シードアドバイザーカードについて

「シードアドバイザーカード」は、近年の種苗をとりまく情勢の変化に対応し、種苗管理講習会の充実と併せ、種苗管理士試験の合格者であることを証明するカードを胸につけて顧客に対応することにより、種苗管理士としての自覚と専門家としての顧客の信頼を高めることを目的として、平成 10 年に発行が開始された。

●シードアドバイザーカード記載事項

番号（種苗管理士認定台帳、種苗管理士合格者台帳の番号）7 桁

シードアドバイザー

（下に小さく種苗管理士（種苗管理士試験合格者は記載しない））

氏名　所属会社（店）名

発行日　有効期限（発行日より 5 年間）

発行人及びその印　一般社団法人日本種苗協会

顔写真（運転免許証サイズ）

参考文献

『種苗読本』日本種苗協会、2015
戸澤英男『野菜つくり入門』農文協、2006
田中修『タネのふしぎ』ソフトバンククリエイティブ、2012
東山広幸『有機野菜ビックリ教室』農文協、2015
平沢正・大杉立『作物生産生理学の基礎』農文協、2016
堀江武編『新版　作物栽培の基礎』農文協、2004
池田英男・川城英夫編『新版　野菜栽培の基礎』農文協、2005

「はなとやさい 2011 年 2 月号、2014 年 1 月号」 タキイ種苗㈱
「現代農業 2013 年 3 月号」農文協
「スーパーニッポニカ　日本大百科全書+国語辞典」小学館、1998

ホームページ

農林水産省　http://www.maff.go.jp
国立研究開発法人農業・食品産業技術総合研究機構　http://www.naro.affrc.go.jp
農業生物資源ジーンバンク https://www.gene.affrc.go.jp
WWF Japan　https://www.wwf.or.jp
タキイ種苗㈱　http://www.takii.co.jp
㈱サカタのタネ　http://www.sakataseed.co.jp

監修者プロフィール

一般社団法人　**日本種苗協会**

1973年設立（前身は全国種苗業者連合会）。

2015年4月1日現在の会員数は1,106。種苗協会の役割は種苗会社をサポートすることにより野菜・花卉・牧草などの優良種子の供給、品種の開発などを促進し、日本の農業ひいては、国民全体の生活水準の向上を図ること。

ISF（国際種子連盟）の会員であり、国際的な種苗産業の発展、貿易の促進、品種権利の保護、国際種子健全化に尽力している。またAPSA（アジア・太平洋種子協会）の会員であり、2001年には日本大会（幕張）の開催に協力し、さらに2013年秋には神戸大会を開催。

協会会員は、種苗メーカー（品種開発・種苗生産）卸または小売業者。野菜種子・花きなどの5部会　並びに会員・政策・国際などの8委員会があり、種苗業界のさまざまな問題を話しあったり、情報を共有したりしている。また、協力団体として、全国9ブロック　45都道府県支部があり、連携しつつ活動を行っている。

装丁・デザイン　TYPE 零(株) 國田誠志　尾関俊哉
表紙デザイン　國田誠志
イラスト　尾関俊哉

図解(ずかい)でよくわかる タネ・苗(なえ)のきほん

種選(たねえら)び・種(たね)まき・育苗(いくびょう)から、種苗(しゅびょう)の生産(せいさん)・流通(りゅうつう)、品種改良(ひんしゅかいりょう)、家庭菜園(かていさいえん)での利用法(りようほう)まで

NDC 610

2017年 11月 15日　発　行
2023年 2 月 13日　第3刷

監　　修　一般社団法人(いっぱんしゃだんほうじん) 日本種苗協会(にほんしゅびょうきょうかい)
発 行 者　小川雄一
発 行 所　株式会社 誠文堂新光社
〒 113-0033 東京都文京区本郷 3-3-11
電話 03-5800-5780
https://www.seibundo-shinkosha.net/
印 刷 所　広研印刷 株式会社
製 本 所　和光堂 株式会社

ISBN978-4-416-51791-8